메타버스란 무엇인가

메타버스란 무엇인가

인공지능과
NFT의
새로운 플랫폼

우리가 살아갈
오래된 미래,
메타버스

이 인 화 지 음

스토리프렌즈

차례

제3부 **활용**

2021년의 어느 봄날. 나는 〈로블록스〉라는 메타버스의 '입양해주세요' 월드에서 구걸을 하고 있었다. 반려동물을 키우는 게임인 '입양해주세요 Adopt Me'는 〈로블록스〉에서 동시접속자 수가 가장 많은 월드이다.

나는 더할 수 없이 싼 티 나는 무료 아이템의 옷을 입고 머리 위에 "펫 좀 주세요 ㅠㅠ"라는 말풍선을 띄우고 앉아 있었다. '입양해주세요'에서는 자신이 가진 반려동물(펫)이 부의 척도가 된다.

〈로블록스〉는 200여 개 국가의 어린이들이 접속해서 81개 언어로 떠드는 메타버스다. 월간 이용자 1억 6천만 명, 하루 접속자 4210만 명.

나는 아이들이 방방 점프하며 까르르 까르르 뛰어다니는 거리와 로마자, 키릴 문자, 아랍 문자가 폭포수처럼 쏟아지는 채팅창을 멍하니 바라보고 있었다. 나이를 먹었다는 것, 세상에 뒤처졌다는 것, 도저히 적응이 안 된다는 슬픈 생각을 곱씹고 있었다. 그때 옆에서 한글이 적힌 말풍선이 떴다.

"하이욥 …… 님, 거지세요?"

티라노사우루스의 공룡 가죽을 뒤집어쓴, 아주 몰골이 사나운 사용자였다. 보면 모르니. 나는 '네'하고 한글로 대답했다. 그러자 공룡이는 거래 신청을 하더니 뭘 주고 횡하니 가버렸다. 보지도 않고 수락 버튼을 누른 뒤 나는 충격을 받았다. 벌떡 일어나 안경을 벗고 모니터로 얼굴을 가져갔다.

노안 때문에 잘못 본 줄 알았다. '네온 공작새'였다. 연주홍색 꼬리와 연초록색 날개의 두 가지 네온이 아름답게 빛나는, 허공의 회전 돌기가 우아한 공작새. 2200 로벅스, 3만 원 정도 하는 아이템. 네 마리를 키워서 합성하면 8800 로벅스 짜리 메가네온 공작새도 만들 수 있다.

이게 뭐야.

겁이 났다. 이대로 헤어지면 내가 '먹튀'(먹고 튀었다)라는 유튜브 동영상이 올라올 것 같았다. 나는 공룡이를 쫓아갔다.

"저기요! 님! 님! 잘못 주신 것 같은데요."

그러자 공룡이는 걸음을 멈추고 나를 물끄러미 보더니 어드민 명령어를 써서 자신의 아바타를 10배 크기의 거인으로 부풀렸다. '괜찮아. 나 부~자야. 너도 화이팅'이라는 의미의 장난이었다.

"득템하세욥."

공룡이는 그 말을 날리고 볼일 다 봤다는 듯 웅성거리는 군중 속으로 스며들었다. 그는 열두 살일까, 열세 살일까, 아니면 더 나이가 많을까.

공룡이의 단호함, 당당함, 거리낌 없는 연대감은 그 네온 공작새가 부모의 용돈으로 신 것이 아니리 제 손으로 번 것이라는 사실을 말해주고 있었다. 공룡이는 〈로블록스〉에서 스스로 돈을 벌고 있는 개발자 어린이 중 한 사람이었던 것이다.

나는 기껏해야 나뭇가지, 우유 같은 아이템을 받으려고 한 구걸이다. 공룡이는 내게 왜 이런 걸 주는가? 메타버스의 가상 소비자 문화에서 아이템은 실제 화폐와 같다. 공룡이는 왜 내게 돈을 주는가.

갑자기 주위가 환해지는 것을 느꼈다. 북새질치는 사람들의 물결이 밀려오고 밀려가고 있었다. 내 곁에서 살아 있는 진짜 사람들의 아바타가 마구 뒤엉켜서 움직이고 있었다.

콩나물시루처럼 빽빽이 들어차 와글거리는 사람들의 우스갯소리, 찬탄, 환호, 야유, 욕설, 협박, 낄낄낄, 깔깔깔이 혼을 빼놓았다. 이리 갔다가 저리 갔다가, 걸어갔다가 뛰어갔다가, 로그아웃으로 사라졌다가 훽 나타났다가 했다. 그런데 거기에 예기치 않은 친절과 사랑이 숨어 있었다.

코로나 블루라고 하는데 아이들은 메타버스에서 아랑곳하지 않고 잘 논다. 잘 놀뿐만 아니라 한 푼이라도 더 벌기 위해 열심히 움직인다.

거래를 하고, 퀘스트를 수행하고, 펫을 양육하고, 옷을 만든다. 차를 만들고, 배를 만들고, 비행체를 만들고, 새 월드를 만들어 입장료 수익을 받는다. 군데군데 상자 까기를 하는 연기가 수없이 피어오르고 초보자들이 부산하게 서성거린다. 한 해 60억 원을 번 소년도 있다. 코로나로 인한 단절은 더 넓은 세계로의 연결이 되었다.

문득 마음속으로 스며드는 긴 세월을 느꼈다. 내 인생에도 뭔가 기릴 만한 것이 있었던 것이다. 나는 항상 비슷한 모습을 하고 있었다. 수백 개의 메타버스에 거주하며 연구했다. 메타버스가 좋아서 메타버스에 몰입했고 메타버스를 실험하고 관찰했다.

나는 바츠전쟁에서 철벽같던 독재의 아덴성이 무너지고 사람들이 피시방 모니터 앞에서 흐느끼는 것을 보았다. 아스칼론 성벽을 지키는 이름 없는 병사가 되어 내가 참여한 시나리오대로 몰려오는 늑대 종족 차르의 엄청난 대군도 보았다.

〈로블록스〉와 유사한 많은 메타버스의 종말을 보았다. 태양처럼 빛나던 〈클럽 펭귄Club Penguin〉이 순식간에 망해 문을 닫는 것을 보았다. 그 모든 순간들은 사라졌다. 빗속의 눈물처럼.

그러나 나는 여기까지 왔다. 파산과 한탄과 무기력을 거쳐 메타버스가 재발견되는 2021년에. 아, 사람은 사랑이 없으면 죽는구나, 사람은 사람과 연결되지 않으면 안 되는구나, 하는 깨달음이 찾아오는 오늘에. 이 신기루 같은 활기의 땅에 왔다.

어른들은 접촉의 공포, 경제적 공포, 불안과 불행을 이야기한다. 주변에는 감염 가능성이 있다고 추정되는 사람 혹은 집단에 대한 직관적인 혐오 반응, 소위 행동 면역 체계가 나타난다.[1] 차별과 갈등과 범죄가 증가하고 인종적, 사회적 긴장감이 가득하다.

여행은 줄고 인터넷 활용은 늘었다. 사람들은 스마트폰을 들고 넷플렉스와 유튜브로 시간을 보내면서 정보 추천 알고리즘이 만드는 편향성에 중독되어 간다. 각기 자기가 듣고 싶은 것만 들으며 자신의 목소리만 산울림처럼 반향되는 밀실에서 사는 것 같다. 사랑이 말라붙고 고립과 분열, 갈등이 확대되는 듯이 보인다.

그런데 어찌된 노릇인지 희망이 되살아난다. 메타버스의 아이들이 말하고 있다.

당신들이 지금 해야 할 일은 우리처럼 사는 것입니다. 우리가 누리는 행복감을 당신들도 누릴 자격이 있어요. 이 생기발랄한 세상은 어떤 경우에도 죽지 않아요. 이것은 삶의 일부이기 때문이죠.

인간은 여전히 다니엘 디포우의 『전염병 연대기』, 알베르 카뮈의 『페스트』에 나오는 그 불멸의 인간이었다. 이 강력한 종족은 어떻게든 운명을 견딘다. 계속 당황하면서 계속 참으면서. 규칙과 습관을 바꾸고, 자기를 바꾸고, 가능한 남에게 친절하려고 애쓰면서 뭔가 새로운 것을 만들어낸다.

그리하여 '메타'라는 흐름이 생겨난다. 메타^Meta는 영어 접두사로서 무엇을 넘어, 무엇에 대한, 무엇을 초월한, 이라는 뜻이다. 구체적으로 오늘날의 메타는 위기의 공백을 메우고 일상과 경제를 빠르게 정상으로 되돌려놓은 디지털 기술과 연관된다.

생물학에서 메타 게노믹스^Meta-genomics가 나온다. 단일 생물종의

---

1 날 때부터 우리 몸이 가지고 있던 선천 면역 체계, 병을 앓고 항체가 생기면서 생긴 후천 면역 체계와 달리 감염 회피를 위해 사회 심리적으로 형성된 행동의 면역 체계.
Ackerman et al.(2018), The behavioral immune system: Current concerns and future directions, Social and Personality Psychology Compass.

유전체를 넘어 물, 흙, 나무, 공기 등에 함유된 모든 미생물 군집 유전체를 컴퓨터 시뮬레이션으로 분석한다.

사회에는 메타 툴즈Meta-tools가 증가한다. 메타 툴즈란 도구에 대한 도구, 즉 계산과 추론에서 인간의 능력을 보완하는 인공지능이다. 인류가 생산한 모든 지식이 인공지능 학습 데이터로 변해간다.

인터넷에는 메타버스Meta-verse가 확산된다. 현실에서 어려운 접촉과 교류가 디지털 가상공간에서 충족된다.

메타버스는 생물학적 한계 너머, 현실 사회 너머에 있는 궁극의 메타이다. 여기서 메타는 이 땅을 초월해 허공을 날아다닌다는 뜻이 아니라 현실이라는 선입견을 넘어선다는 뜻이다.

우리는 수학에 기반한 과학으로 현실을 이해하지만 현실에는 수학이 말하는 그런 완전한 원, 완전한 직선이 없다. 우리는 과학이라는 이념의 옷으로 포장된 세계를 현실이라고 믿지만, 그 현실은 사실 나의 의식에 의해 구성된 세계이다.

메타의 관점에서 보면 현실이 있고 가상이 따로 있는 것이 아니다. 경험하는 모든 세계가 가상인 동시에 현실이다. 가상은 '허구'라는 의미가 아니라 '지금 상상되었고 앞으로 있게 됨'이라는 의미이다.

인간은 현실의 경계를 넘어 서로 친밀하게 연결되어야 한다. 우리는 생물학적 몸 하나로 혼자 살도록 만들어지지 않았다. 불완전한 사회에서 '좋아요'나 리트윗만 하고 지내도록 만들어지지도 않았다. 메타 게놈은 메타 툴즈를 부르고 메타 툴즈는 메타버스를 부른다.

메타버스는 메타Meta-라는 가상과 유니버스Universe라는 현실의 합성어다. 가상 공간에서 돈이라는 현실이 움직인다. 메타버스에서 움직이는 재화와 서비스의 경제를 메타노믹스Metanomics라고 한다.

메타노믹스에서는 거래에 앞서 증여가 있다. 공룡이가 나에게 네온 공작새를 준다. 공룡이는 자기 재산의 일부를 주고, 받은 나는 어떤 심정적인 채무를 진다. 아이템이 등가의 아이템으로 교환되는 것이 아니라 아무 가격이 없는 호의, 우정, 친교와 교환된다.

'거래 신청'이라는 시장경제적 행위로 위장된 호혜적 행위가 메타버스를 지배하고 있다. 수많은 거래가 이루어지는데 대부분이 조금씩 금전적인 손해를 보면서 사회적 관계를 얻으려 한다. 증여자가 증여를 하면 수증자는 증여자의 친구가 되어 증여자와 관계된 게임 월드에 답례 방문한다.

이 증여와 답례가 메타버스 경제에 거대한 에너지를 공급한다. 여기에는 인류가 시장 경제 시대 이전부터 지속시켜온 문명의 비밀, 바로 친절이 있다. 아이들은 다른 사람에게 친절을 베푸는 행위 자체를 천성적으로 좋아하는 것이다.

이 책은 사람들이 살아가는 이야기라는 관점에서 메타버스를 탐구한다. 헐벗은 겨울나무들은 각기 따로따로 살고 있는 것 같지만, 보이지 않는 땅 밑의 연결망으로 함께 살고 있다. 나무뿌리에 있는 균근과 균사의 곰팡이 균사체 네트워크가 한 나무의 화학 신호를 끊임없이 다른 나무에 전달하고 있다. 메타버스는 팬데믹으로 얼어붙은 세상의 균사체 네트워크이다.

최근 관광, 쇼핑, 가상 오피스, 가상 박물관, 가상현실VR 트레드밀, 공연, 스포츠, 컨퍼런스, 전시, 교육, 기업교육, 안전교육, 확장

현실XR형 원격 모니터링 등 다양한 방면에서 메타버스 트렌드가 확산되고 있다. 많은 사람이 메타버스를 이제까지 본인들이 하던 일에 3차원 시뮬레이션 공간을 덧붙이는 것으로 이해하고 있다.

그러나 3차원 시뮬레이션 자체는 아무것도 보장하지 않는다. 메타버스는 단독 이용Stand-alone이 아닌 다중접속이며 재미 요소Fun-ware를 내장한 서비스이다. 메타버스의 중심에 있는 것은 사람과 사람의 상호작용이며 그 상호작용을 만드는 재미의 경험 모델이다.

사람들이 메타버스에 거주하면서 만들어진 사용자 스토리에는 시장 분석이나 주가 전망을 위해 쓰인 해설서에는 없는 의미가 있다. 그것은 메타버스라는 완전한 디지털 사회에서 존재하게 될 인생의 밝은 면이다.

인터넷에는 분노 문화가 있고 냉소와 조롱이 횡행하고 있다. 그러나 친절함, 즉 타인의 취약함을 본능적으로 동정하는 사랑의 마음 또한 강력하게 존재하고 있다. 사람들은 스스로 인지하지도 못한 채 보이지 않는 가운데 친절한 삶을 살고 있었다. 그것이 우리가 더 원하는 삶이며 우리가 기쁨을 느끼는 삶이기 때문이다. 현실과 달리 메타버스에는 그 마음이 컴퓨터 그래픽으로 보이고 로그 데이터로 남게 되는 것이다.

이 책은 과거를 돌아보자는 것도 아니고 미래를 예측해보자는 것도 아니다. 이 책의 의도는 메타버스에 숨은 희망을 생생한 사례와 함께 전달하는 것이다. 궁극적으로 이 책이 제시하려는 명제는 윌리엄 워즈워스가 〈무지개〉에서 말했던 진리, '어린이는 어른의 아버지다'가 될 것이다.

제1부

실체

1

열세 살 공룡이가
천백만 원씩 버는 세상

유치함이라는 소중한 능력

구걸하는 한글 사용자에게 3만 원짜리 아이템을 주었던 〈로블록스〉의 공룡 가면. 이 공룡 가면을 열세 살 공룡이라고 부르자. 학교는 열세 살 공룡이에게 그가 진짜 누구인지, 그가 어떤 엄청난 일을 할 수 있는지 가르치지 않는다. 학교는 9 곱하기 9는 81이고 대한민국에 17개 광역자치단체가 있다는 것을 가르칠 뿐이다.

공룡이는 매일 새롭고 독특한 순간, 지금까지 없었고 앞으로도 없을 그의 경이로운 인생을 살아간다. 자신이 어디로 가는지도 모르면서 항상 바쁘게 움직이는 어른들은 자신이 세상을 훤히 안다고 생각한다. 그러나 공룡이는 유치하기 때문에 어른들이 보지 못하는 세상의 경이로움을 본다.

세상에는 나무와 새와 벌레와 강아지들이 있다. 자연의 환상적인 생명력이 공룡이의 상상력을 자극한다. 〈로블록스〉에서는 내가 몬스터를 잡으면 잠시 후 몬스터가 다시 재생성(리젠)되고 내가 점프하는 발판에서 떨어져 죽으면 나는 다시 처음으로 돌아가 재출발(리스타트)한다. 〈로블록스〉의 순환적 세계야말로 공룡이의 상상력에 합당한 세상이 된다.

공룡이는 자연에 경건한 존경심을 느낀다. 자연에는 귀엽고 생동적이지만 생물계의 가장 밑바닥을 이루는 세균류와 믿을 수 없을 정도로 아름답지만 식물계의 가난한 농민이 되는 이끼류가 있다. 여기서부터 수백, 수천의 계층을 가진 먹이사슬이 쌓이고 쌓여 최종포식자인 인간에 이르고 있다. 〈로블록스〉 월드에서 부여되는 레벨이야말로 공룡이의 상상력에 합당한 세상이 된다.

새로운 창작은 누군가가 상상력을 통해 남들은 거의 고려하지 않는 무언가를 가치있게 여기면서 시작된다. 많은 어른들은 인생이 매력적인 사업이며 자신의 경험은 자신이 생각하는 것보다 훨씬 더 매력적이라는 사실을 모른다. 그들은 유치함이라는 소중한 능력을 가지고 세상에서 경이를 발견하던 자기 내면의 보편적인 어린아이를 잊어버렸기 때문이다.

그러나 열세 살 공룡이는 다르다. 그는 감정의 폭풍을 지배할 만큼의 강한 자아가 없어서 연약하다. 그래서 그는 상상으로 자신의 연약한 내부를 보호하기 위해 노력한다. 자신에게 위협적인 허구의 상황을 상상하고 그 위협에 대처하는 기술과 능력을 습득하는 상상을 한다.

2020년 〈로블록스〉에서는 이런 아이들 125만 명이 3619억 원을 벌었다. 상위 1250명은 〈로블록스〉에서 천백만 원(1만 달러) 이상을 벌었으며 최상위 300명은 12억 이상을 벌었다.[2]

〈로블록스〉 사용자의 대표 페르소나[3]는 열세 살이다. 그는 현실세계에서 2021년 현재 초등학교 6학년인 2008년생이다. 이들이야말로 메타버스를 움직이고 메타버스에서 일어나는 일에 대해 모르는 것이 없는 진짜 지배자들이다. 이들은 쾌활하고 똑똑하고 유능하다. 비밀스런 우정으로 거미줄처럼 연결되어 무슨 일이든 감행할 수 있을 만큼 대담하다.

그가 현실세계에서 어설프고 약해 보이는 이유는 그의 영혼이 현재가 아니라 미래에 거주하고 있기 때문이다. 메타버스는 디지털 공간에서 그들이 상상하는 합당한 세상, 미래가 구현된 세계이다. 이 합당한 세상에서 열세 살 공룡이는 강력한 예지력과 행동력을 발휘한다.

---

2 〈로블록스〉 인베스트먼트데이 공식 발표.
(https://www.youtube.com/watch?v=PknZOj3rTZ8)
3 서비스에 관한 의사결정의 가장 중요한 대상이 되는 고객. 대표 페르소나(primary persona)의 고객 경험에 다른 추가 사항이 더해진 고객을 보조 페르소나(Secondary Presona) 라 한다.

내면의 어린아이, 형들의 세계

처음 〈로블록스〉에 접속했을 때 나는 계정 설정에서 사실대로 나이를 13세 이상으로 등록했다. 그 뒤 친구들을 사귀면서 〈로블록스〉에서는 13세 이하의 사용자도 13세 이상이라고 등록한다는 것을 알았다. 13세 이하로 등록하면 채팅할 때 많은 단어가 입력 불가능 상태가 되기 때문이다. 특히 돈의 액수 같은 숫자가 "###"로 필터링되어 대화에 어려움이 있다.

〈로블록스〉에서 나는 열세 살 사용자 앞에서 입을 다물고 존경과 경청의 태도를 보여야 한다는 사실을 배웠다. 열세 살의 '형아'들은 트윈 세대(Tweens:8세~12세)와 틴에이저(Teens:13세~19세)의 연결고리로서 메타버스를 주도하고 있다. 트윈 세대의 성장 지향성, 관계 민감성, 기술 습득 욕구가 열세 살들의 범접할 수 없는 권위와 권력을 떠받치고 있었다.

트윈 세대는 '애들Kids'과 구분되고자 하는 강력한 욕구를 가지고 틴에이저처럼 보이기를 지향한다. 이제는 인형과 장난감보다 패션과 연예인, 또래의 놀이 문화에 관심을 가지는 나이가 된 것이다. 이 성장 지향성의 역할 모델이 열세 살이다.

트윈 세대는 학교생활로 진입하면서 나보다는 우리가 더 가치 있음을 처음 배운다. 친구나 주변 사람들의 영향을 많이 받게 되어 취향과 행동과 구매 결정에서 집단 내부의 유행을 중요시한다. 이 관계 민감성의 준거집단이 열세 살이다.

트윈 세대는 태어날 때부터 스마트폰이 있던 세대지만 메타버스에는 새롭게 배워야 할 기술이 아주 많다. 트윈 세대들의 기술 습득 욕구를 충족시키는 선배가 열세 살이다.

세상에 막 눈을 뜨는 이 트윈 세대의 아이는 우리 모두의 내면에 있다. 성인의 진지한 얼굴 뒤에 숨어 있는 우리의 진짜 모습, 여전히 어린애 같은 내부의 자아다. 이 어린아이는 감정직인 성처에 취약하고 미성숙하며 극도로 예민하다. 이 어린아이는 준비가 되지 않은 상태로 어른들의 삶 최전선에 던져졌다는 것을 느낀다. 그리고 이 불안하고 무능한 상태를 벗어나기 위해 몸부림친다.

메타버스는 이런 내면의 어린아이가 자아의 갑옷을 벗고 돌아다니는 세계다. 여기서는 어른도 어린이가 되며 사용자 집단의 주류는 당연히 어린이가 된다. 〈세컨드 라이프Second Life〉를 빼면 1천만 명 이상의 가입자를 보유한 거의 모든 메타버스의 사용자 평균 연령이 20대 초반 이하이다. 이 중에서도 10대가 메타버스의 가장 활발한 사용자다. 10년 전에는 〈클럽 펭귄〉과 〈웹킨즈Webkinz〉가, 현재는 〈로블록스〉와 〈제페토Zepeto〉가 10대의 놀이터요 친교 공간이 된다. 곧 지구보다 더 커질 이 거대한 세계를 10대들이 돌리고 있는 것이다.

열세 살은 오래전부터 트윈 세대의 리더였다. 쥘 베른의 『15소년 표류기』에서도 결정적인 지도력을 발휘하는 것은 가장 연장자이고 침착한 열네 살 고든이 아니라 열세 살의 브리앙이었다.

과거와 현재의 차이점은 오늘날의 열세 살에게 돈이 아주 많다는 사실이다. '발키리 투구' '도미누스 모자' 같은, 현금 100만 원이 넘는 한정판 아이템을 수십 개씩 인벤토리(가방)에 넣고 다니는 열세 살들이 있다. 이 과잉된 자본이 메타버스 사회를 복잡하게 만든다. 메타버스에는 어른이 상상하지 못하는 아이들끼리의 경쟁이 있고, 아이라서 더 살벌하게 실천하는 어른들의 문명이 있다.

수십 대의 '메가네온' 탈것들이 드글드글한 부자 서버에서 가난뱅이는 며칠이 지나도 친구를 찾지 못한다. 부자들과 유명 유튜버들은 풀장과 동물원, 헬리콥터 착륙장까지 있는 호화 주택을 여러 채 가지고 십여 명씩 추종자들을 몰고 다닌다. 집단 내부에서는 꾸미기와 친교 활동을 하고 싶은 패거리와 칼을 날리며 죽고 죽이는 장난질을 하고 싶은 패거리 사이에 팽팽한 긴장이 흐른다.

그러나 결국은 순진무구의 찬란한 파도가 이런 누추한 갈등들을 삼켜버린다. 열세 살 형아들을 따라, 어른이 되면 진부한 일상 속으로 자취를 감출 공감과 상상력이 힘차게 날개 치는 것이다.

시대가 변했다. 과거에는 많은 사람이 한 공간에 모여 일했다. 문제가 생기면 산전수전 다 겪은 부장님이나 임원님이 경험과 직관에 의해 문제를 해결했다. 오늘날에는 사람들이 다양한 공간에 흩어져 일한다. 문제가 생기면 가장 젊은 사원이 데이터와 인공지능을 활용해 최적의 해법을 찾는다.

과거에는 문제가 설비, 부품 등 동일한 산업 내부에서 주기적으로 발생했다. 그러나 오늘날에는 문제가 주로 이종산업과의 협업 과정에서 돌발적으로 발생한다.

메타버스의 어린이들은 초연결 지능화 사회에서 일어나는 비예측적 문제의 해결에서 기성세대보다 더 탁월하다. 이들은 소통과 협업 능력, 높은 수준의 디지털 리터러시로 무장하고 자기 주도적으로 일한다. 그들은 돈을 벌고 쓰고 투자한다.

　여기서 한 가지 궁금한 점이 떠오른다. 공룡이들은 대체 무슨 일을 해서 이런 돈을 버는 것일까.

사용자들이 직접 콘텐츠를 생산하고 돈을 번다는 것

　메타버스는 사람들이 아바타로 살아가는 디지털 가상공간이다. 더 상세히 말하면 인터넷에 의해 연결된 3차원 컴퓨터 그래픽 기반의 인터랙티브 환경으로, 아바타가 돌아다닐 수 있도록 가상화된 세계이다.

　이것은 초기에 게임이 많았으며 놀이 공간으로서의 오락성이 강했다. 그러나 나중에는 점점 더 '확장된 지구'로서의 공공성이 강해졌다. 오늘날의 메타버스는 사람들이 만나고, 정보를 교환하고, 비즈니스를 진행하고, 예술을 창조하고, 게임 플레이를 즐기고, 정치적 토론을 벌이는 공공의 공간이다.

　사람들은 커서로 웹페이지를 클릭해서 검색할 수도 있고 아바타라는 대안적 페르소나를 이용해 가상공간을 돌아다니며 정보를 찾을 수도 있다. 사람들이 후자를 더 좋아하고 더 쉽고 몰입적인 인터넷 경험이라고 느끼는 시대가 메타버스 시대이다. 메타버스는 임장성, 표현성, 수용성에서 기존의 2차원 인터넷보다 우수하며 편의성, 접근성, 호환성에서 기존의 2차원 인터넷보다 취약하다. 이 점은 6장에서 상술한다.

메타버스는 〈리니지Lineage〉 〈포트나이트Fortnite〉 같은 게임형 가상세계와 〈제페토〉 〈로블록스〉 같은 생활형 가상세계로 나눌 수 있다. 엄밀한 의미의 메타버스는 사용자들이 가상세계를 통해서 현실의 실제 삶과 관계를 맺는 생활형 가상세계를 가리킨다.

게임형 가상세계는 판타지 중심의 세계관을 갖고 역할 놀이(롤플레잉)와 승급(레벨링) 등의 요소를 통해 재미를 추구한다. 초창기 메타버스 개발자들은 게임에서 역할놀이, 승급, 허구적인 배경 스토리, 경쟁의 네 가지 특성을 삭제하면 생활형 가상세계, 메타버스가 된다고 생각했다. 사람들에게 게임 규칙 같은 제약 없이 무엇이든 할 수 있는 빈 공간과 도구를 주면 각자 즐겁게 하고 싶은 것을 할 것이라는 생각이었다.

이러한 발상은 '인간 욕망의 자발성'이라는 19세기까지만 받아들여졌던 신화에 기초하고 있었다. 이 신화는 다윈, 마르크스, 프로이트 이후의 현대 과학에서는 대체로 부정되고 있다.

인간의 욕망은 그다지 자발적이지 못하다. 대부분의 사람은 텅 빈 공간에서 자신이 무엇을 원하는지, 뭘 해야 할지를 모른다.

인간은 그냥 뭔가를 원하는 것이 아니라 자신이 뭘 원하면 되는지를 가르쳐주는 모델, 즉 욕망의 중개자를 모방하기 때문이다. 인간 심리를 묘파한 고전들은 이같은 인간 욕망의 구조를 잘 보여주었다. 예컨대 돈키호테는 전설 속의 위대한 기사 아마디스를 모방하고 보봐리 부인은 수녀원 여학교에서 읽은 연애소설의 열정적인 여주인공들을 모방하고 있다.[4]

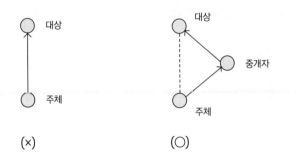

(×)　　　　　　　　(○)

욕망의 삼각형

　메타버스는 실생활 서비스를 목적으로 하지만 게임의 놀이 요소를 욕망의 중개자로 삼는다. 게임 같은 재미와 영감을 제공함으로써 사람들의 접속과 참여를 유도하는 것이다. 말하자면 메타버스는 온라인게임과 실생활 연계 서비스의 혼종이다. 이 점은 2장에서 상술한다.

　생활형 가상세계인 메타버스는 다섯 가지 속성을 갖는다. 여기에는 게임형 가상세계와 공통되는 두 가지 매체적 속성, 즉 영속성과 실시간성이 있으며 게임형 가상세계와는 구별되는 세 가지 매체적 속성, 즉 크라우드소싱과 온-오프라인 연계, 상호호환성이 있

4　René Girard, Mensonge romantique et Vérité romanesque(1961) 김치수 · 송의경 옮김, 『낭만적 거짓과 소설적 진실』(서울:한길사,2001) 40-42면.

다. 다섯 가지 속성을 정리하면 아래와 같다.[5]

첫째, 영속성[Persistence]. 메타버스는 개별 사용자로부터 독립해서 공간과 사물이 지속적으로 존재한다.

둘째, 실시간[Real Time]. 메타버스에서는 사건과 사물이 사용자의 행동에 반응하여 즉시 생성된다.

셋째, 크라우드소싱[Crowdsourcing]. 사용자의 행위 주체성이 장려된다. 사용자들이 콘텐츠와 서비스를 직접 생산하며 그 생산에 대한 현실적 보상을 받는다.

넷째, 온-오프라인 연계[On-Off Linkage]. 메타버스의 경험과 현실의 경험은 서로 이어져 있다. 메타버스의 가상화폐는 현실의 화폐로 환전되고 현실의 친구들이 메타버스로 들어와 인맥이 된다.

다섯째, 상호호환성[Interoperability]이다. 사용자들의 다양한 욕구를 충족시키기 위해 많은 서비스가 연결되고 호환된다. 상거래, 교육, 여행, 오락 등과 연관된 많은 소셜 네트워킹 기능이 메타버스로 수렴된다.

---

5 다섯 특성은 필자가 아래의 선행 연구를 종합하고 재구성한 결과이다.
베치 북은 메타버스의 특성을 ① 공유공간 ② 그래픽 유저 인터페이스 ③ 즉시성 ④ 상호작용성 ⑤ 영속성 ⑥ 커뮤니티라고 정의했다.
Betsy Book, 「Moving Beyond the Game : Social Virtual Worlds(2004)
(http://www.virtualworldsreview.com/info/contact.shtml)
매튜 볼은 메타버스의 특성을 ① 영속성 ② 실시간 ③ 참여가능성 ④ 완전히 기능 경제 ⑤ 상호호환성 ⑥ 온-오프 연계 ⑦ 생산가능성이라고 정의했다.
Matthew Ball, 「The Metaverse: What It Is, Where to Find it, Who Will Build It」
(2020.1.13.) (https://www.matthewball.vc/all/themetaverse)

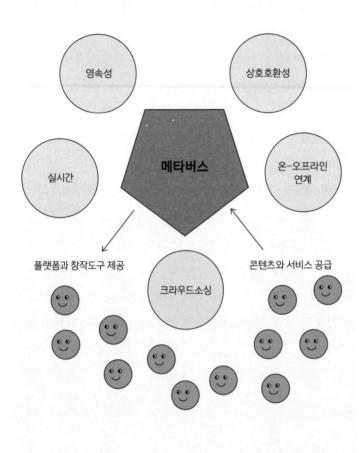

메타버스의 5가지 특성

이 가운데 게임과 메타버스를 구별하는 결정적인 차이점은 크라우드소싱이다.

크라우드소싱은 인하우스, 아웃소싱과 더불어 작업자 운영 방식의 하나다. 인하우스는 내부조직에서 만들어 품질에 대한 상시 교육 및 피드백을 할 수 있는 방식이며 아웃소싱은 외부조직에서 만들지만 높은 업무 전문성을 요구할 수 있는 방식이다. 이에 비해 크라우드소싱은 제작 정보를 공개하고 비전문적인 대중의 참여를 유도하여 수평적 의사소통으로 생산하는 방식이다. 크라우드소싱은 결과물의 복잡성을 받아들이며 밑에서 위로 올라가는 상향식 작업 방식을 지향한다.[6]

메타버스는 사용자에게 활동할 수 있는 월드와 캐릭터 외모에서부터 토지 개발, 주택 건설, 인테리어, 가구 제작, 보석 세공, 예술품 창작, 무기 강화 등등 콘텐츠를 생성할 수 있는 도구를 제공한다. 〈세컨드 라이프〉에서부터 〈로블록스〉까지 메타버스는 사용자가 개발자와 동등한 비즈니스 파트너로서 콘텐츠와 서비스를 자발적으로 창작하고 거래할 수 있는 모델을 정착시켜온 것이다.

메타버스는 크라우드소싱에 참여하는 사용자들에게 현실적인 보상을 한다. 예컨대 〈로블록스〉에서 사용자가 게임 월드를 만들면 그 월드에 접속한 사용자들의 숫자와 체류 시간에 따라 게임 내

---

6 Eric Schenk Claude Guittard, 'Crowdsouring:What can be outsourced to the crowd and why?' HAL (2009.12.7.)
https://www.researchgate.net/publication/40270166_Crowdsourcing_What_can_be_Outsourced_to_the_Crowd_and_Why

가상 통화인 로벅스가 쌓인다. 사용자들은 〈로블록스〉에 누적 5천만 개의 게임을 만들고 로벅스를 번다. 운영회사는 이 로벅스를 2020년 기준 매년 4천억 원씩, 현실의 달러로 환전해준다.

사용자 창작 도구

〈로블록스〉에서 엄청난 규모의 크라우드소싱이 일어났던 비결은 사용자 창작 도구User Creation Tool에 있다. 열세 살 어린이들이 직접 게임을 제작하고 그 게임으로 수익을 얻게 만드는 사용자 창작 도구야말로 작금의 메타버스 르네상스를 불러온 원동력이다.

온라인게임을 제작하는 도구는 중후장대한 게임 엔진이다. 게임 엔진이란 게임에 필요한 캐릭터의 동작 알고리즘, 객체 간 충돌 등 물리 알고리즘, 그래픽 및 음악의 입출력 알고리즘 등을 작동시키는 여러 소프트웨어의 집합체를 말하는 것으로 언리얼Unreal, 퀘이크Quake, 주피터Jupiter 등이 대표적이다.

이런 게임 엔진은 렌더링, 애니메이션, 사운드, 물리 시뮬레이션, 인공지능, 서버, 기타 도구 기술의 7가지 요소 기술로 구성된다.[7] 그런데 마지막의 기타 도구 기술에 개발자뿐만 아니라 사용자에게도 제공할 수 있는 소프트웨어들이 있었다.

가령 맵 에디터는 게임 내에 지형을 생성하고 건물 등 객체를 배치하고 여러 가지 속성값을 설정하여 게임에 반영되도록 하는 도구였다. 이미 게임 산업 시대에 이런 맵 에디터를 사용자들에게 창작 도구로 제공해보자는 생각이 나타났다.

〈심즈Sims〉는 사용자 창작 도구를 대중화한 최초의 상업용 게임이었다. 〈헤일로Halo〉〈하프 라이프2Half Life 2〉 같은 게임은 사용자들이 게임 속의 캐릭터를 움직여 손쉽게 영화를 만들 수 있는 머시니마Machinima 도구도 제공했다.[8]

원래 게임의 뼈대를 그대로 유지하면서 새 아이템을 넣고 외양을 바꾸고 새로운 지역을 추가하는 모드 게임Mod Game도 나타났다. 〈카운터 스트라이크Counter-Strike〉는 〈하프 라이프 2〉의 성공적인 모드 게임이었다.

메타버스 시대의 서막을 연 〈세컨드 라이프〉에 이르면 '프림'이라 불리는 정교한 미디어 객체 창작 도구가 나타난다. 프림이란 프리미티브즈Primitives의 약칭으로 구, 사각뿔, 육각기둥, 원뿔 등 3차원 도형을 뜻한다. 사용자는 이 간단한 도형들을 합치고 관통시키고 잘라내는 방식으로 자동차, 피아노 등의 아이템을 제작할 수 있었다.

〈로블록스〉의 사용자 창작 도구는 〈세컨드 라이프〉의 그것과 전혀 다르다. 로블록스 스튜디오 스크립트라는 이 도구는 개조된 맵

---

7   렌더링 엔진은 3차원 객체를 2차원 스크린 상의 이미지로 변환해주는 소프트웨어. 애니메이션 엔진은 객체의 사실적인 움직임을 표현해주는 소프트웨어이며 사운드 엔진은 객체의 움직임에 따른 3차원 음향 효과를 만들어주는 소프트웨어. 물리 시뮬레이션 엔진은 객체가 현실세계의 물리 법칙에 따라 움직이도록 만들어주는 소프트웨어, 인공지능은 객체의 동작에 지능을 부여하는 소프트웨어, 서버 엔진은 사용자의 대규모 다중접속을 위한 분산 네트워킹, 보안과 관련된 소프트웨어이다. 기타 도구 기술은 그 외 부가적인 소프트웨어들이다.
8   머시니마란 '머신 Machine'과 '시네마 Cinema'의 합성어로 게임 엔진을 이용해 만든 3차원 그래픽 영화를 뜻한다.

에디터 정도가 아니라 루아 스크립트라는 진짜 개발자 스크립트를 경량화시킨 저작도구다.

〈로블록스〉를 설치하면 게임 클라이언트만 깔리는 것이 아니라 로블록스 스튜디오라는 사용자 창작 도구가 예외 없이 같이 깔린다. 모두가 개발자가 되어야 한다는 메시지를 시스템으로 웅변하는 것이다.

〈세컨드 라이프〉에서는 사용자가 동작의 속성값을 정의할 수 있는 것이 피아노의 음, 자동차의 주행 방향, 아바타의 춤 정도였다. 월드에 새로운 놀이 규칙을 적용하는 것이 불가능하지는 않았지만 어려웠다. 사용자 대부분은 부동산업자, 목수, 혹은 마네킹 코디네이터의 정체성을 가지고 따분한 일상을 살았다.

그에 반해 〈로블록스〉의 사용자 창작 도구는 게임 월드의 객체 혹은 지형에 대해 쉽게 속성값을 정의할 수 있고 그 값을 반영할 수 있다. 그 결과 허술하면서도 파격적이고 창의적인 게임들이 계속 나타났다.

세상에는 〈디스 워 오브 마인This War Of Mine〉처럼 사람의 심금을 울리는 격조 높은 명작 게임이 많다. 그런 전통적인 게임의 애호가들에게 〈로블록스〉의 게임들은 처음에 게임이 아니라 '매드 크래프트Mad Craft', 미친 호작질처럼 보였다.

그러나 게임은 계속 뭔가 다른 것으로 되어가고 있는 생성적 실체다. 게임이란 이래야 한다는 규범은 없다. 우리는 자유로움, 다양성, 유쾌한 상대성의 관점으로 〈로블록스〉를 이해할 필요가 있다.

로블록스 스튜디오의 게임 만들기는 쉽고 직관적으로 이해된다.

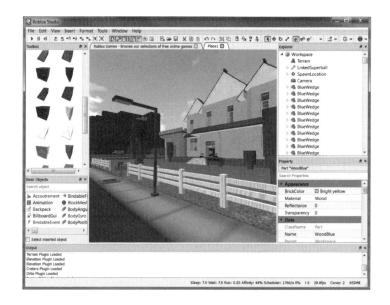

로블록스 스튜디오 (툴박스 사용 사진)

파워포인트에서의 도형 만들기와 유사하게 사각형, 원뿔 등을 클릭한 뒤 늘이고 줄여 객체를 만들 수 있다. 그것조차 귀찮다면 위의 인터페이스처럼 툴박스의 객체 중 하나를 월드에 마우스로 끌어당겨 넣으면 된다. 트윈 세대도 15분만 설명을 들으면 따라 할 수 있다.

〈로블록스〉의 5천만 개에 달하는 게임 월드는 대부분 미성년 개발자에 의해 만들어진 게임이다. 흥행에 성공한 게임도 대부분 미성년자가 만든 게임이다. 문제는 프로그래밍이 아니라 감각이기 때문이다.

메타버스 사용자들은 좋은 스토리와 멋진 3차원 영상의 명작 게임을 원하는 것이 아니라 "잼민이는 못 깨는 게임"을 원한다. 개념 없는 초등학생을 비하해서 지칭하는 '잼민이'는 트윈 세대가 결별하고자 하는 대상이며, 틴에이저 세대가 거리를 둠으로써 우월감을 확인하고자 하는 대상이다. 그 결별과 확인의 욕구를 충족시켜야 게임이 흥행될 수 있다. 20세 이상의 개발자는 이토록 미묘하고 섬세한 욕구를 감지하기 어려운 것이다.

〈로블록스〉에서 말하는 '게임'은 성인들이 생각하는 그런 정통 게임이 아니라 재미있는 모든 것을 뜻하는 포괄적인 활동 영역이다. 영화를 보는 것도 게임이고, 친구들이랑 폴짝폴짝 점핑맵에서 뛰기만 하는 것도 게임이다. '잼민이'가 하지 않는 짓이라면 무엇이든 인기를 끌 수 있다.

이렇게 게임이 만들어지면 로블록스 운영회사는 매일 그 게임을 방문한 사람의 숫자와 방문 시간을 계산하여 게임개발자에게 로벅스를 지불한다. 가령 100명의 방문자가 평균 5분 정도씩 방문한 날은 10 로벅스가 쌓인다는 식이다. 10만 로벅스가 쌓이면 로블록스가 현금 350달러로 환전해준다. 이런 방식으로 125만 명의 크라우드소싱 참여자들이 총액 3916억 원의 보상을 받아 간다.

게임 제작 말고도 옷과 스킨을 제작해 팔기, 리미티드 한정판 아이템에 투자했다가 시세 차익을 남겨 팔기, 상거래, 심부름 용역, 이벤트 참가 등 다양한 수익 창출 방법이 있다. 그러나 사용자의 주된 수익 모델은 게임 제작이다.

제작은 제작으로 끝나는 것이 아니다. 아이들은 부지런히 돌아다니며 자신의 게임 월드를 홍보한다. 유명 유튜버를 친구로 따라

다니며 그 영상에 자신의 이름을 노출하기도 하고 네거리에 서서 지나가는 사람들마다 말을 걸기도 한다. 유튜브하는 친구에게 돈을 주고 유료 홍보도 부탁한다.

인맥을 최대한 동원해 친구들을 게임 월드로 초대한다. 친구가 방문해주면 뛰고 춤을 추고 원숭이, 상어, 강아지로 변신하며 좋아한다. 한 사람이라도 놓치면 답답섭섭하다는 기세다. 오늘도 4천만 명이 북적거리는 〈로블록스〉의 거리는 어린 개발자 비즈니스맨들로 시끌시끌 붐비면서 저물어 간다.

2

혼종에 의해 진화된
반려 매체

가리방은 필기인가 인쇄인가

재처럼 알싸한 흙먼지가 화약 냄새와 함께 떠돌던 1954년. 실직자의 큰아들인 가난한 청년이 경북대학교 사범대학 국어교육과에 입학했다. 청마 유치환이 국어를, 시인 김종길이 영어를 가르치고 있었다. 큰아들은 아르바이트로 등록금과 생활비를 벌었다. 폐결핵으로 죽을 뻔한 적도 있지만 다행히 회복해 졸업했다. 이 사람이 내 아버지다.

졸업하던 해 미국의 원조 물자가 대폭 삭감되자 학교들이 문을 닫고 구직난이 닥쳤다. 교사 자리를 구하지 못한 아버지는 자의반

타의반 대학원에 진학했다. 남의 가게 전깃불에 비추어 빌린 책을 읽고, 대구 민초들의 신산한 삶이 흘러 다니는 거리에서 일했다. 골방에서 골판지 상자의 자료들과 씨름하며 석사 논문을 완성했다. 1959년이었고 제목은 〈춘원소설연구〉였다.

아버지는 논문을 가리방(등사판)으로 직접 만들었다. 가리방이란 쇠못처럼 생긴 철필로 파라핀 종이, 즉 등사원지를 긁어서 글을 쓰는 것이다. 등사잉크를 묻힌 롤러로 한 장씩 밀면 철필에 긁혀서 미세하게 찢어진 글자 부분은 잉크가 스며 나오고 나머지 부분은 스며 나오지 않는 원리로 인쇄가 되었다.

가리방을 전문적으로 해주는 필경사들이 있었다. 그러나 아버지는 돈도 없었고 마지막의 마지막이라고 말할 수 있는 순간까지 글자를 고칠 수 있다는 가능성이 좋았다.

빨간 마분지를 '박집'으로 가져가 제목을 금박으로 박았다. 참고문헌과 영문초록까지 포함한 본문 179페이지를 14일에 걸쳐 50부 찍었다. 인쇄물에 손동작 하나하나가 반영되었다. 반으로 접어서 바느질로 묶고 접착제를 발라 제본했다. 그걸 말려 심사위원들에게 제출했다.

한 글자만 잘못 써도 한 장을 다 버려야 해. 허리에 힘을 주고, 숨을 죽이고, 정신을 집중하는 거지. 입을 다물고 마침표를 찍을 때까지 호흡을 하면 안돼. 하다 보면 재미도 생기지 …… 나는 아버지가 그 말을 할 때의 그 묘하게 의기양양하던 표징을 기억한다.

가리방은 진짜 활자인쇄가 아니다. 전쟁은 활자, 조판, 윤전기를 파괴하고 폐허를 남겼다. 남겨진 사람들은 필사도 아니고 인쇄도 아닌 혼종을 만들었다. 아버지의 의기양양함은 양립 불가능한 두 기술을 섞어 성공적으로 혼종 매체를 만들었던 그 시대 사람들의 자부심이다.

쉰여섯 살의 어느 고독한 저녁에 나는 아버지의 책상 서랍을 열어보다가 독서 카드들, 명함들, 장례식에 왔던 사람들의 부의금 봉투들 옆에서 가리방 철필을 발견했다. 어떻게 이게 여태 남아 있네 …… 그 하찮은 필기구가 나에게 고인의 한 시절을 섬광처럼 되살려 놓았다.

모든 시대는 자기 나름의 혼종 매체hybrid medium를 갖는다. 좋든 싫든 이것이 우리 청춘과 함께 했다는, 그런 혼종 매체가 있다. 이 매체는 그 세대의 문화에 지대한 영향력을 끼친다.

매체는 혼종화의 에너지에 의해 발전, 진화, 변형된다. 매체와 매체가 섞이고, 기술과 매체가 섞이면서 좀 더 가볍고 일시적이며 불완전한 매체, 그래서 누구에게나 열려 있는 혼종 매체들이 계속 나타난다.

혼종 매체는 헤테로토피아Heterotopia라고 불리는 이질장소성을 갖는다. 혼종 매체에는 기술적으로 '이게 왜 여기 있지?' 하는 놀람이 있다. 가리방 논문의 글씨는 아버지의 평소 필적과 많이 다르다. 아버지는 자신의 논문을 활자 인쇄물처럼 보이고 싶어 활자 인쇄물의 글씨체를 재현하려고 애를 썼던 것이다.

재매개remediation는 이런 혼종화를 설명하는 이론이다. 재매개에는 매체가 자신을 드러내지 않으려고 하는 비매개와 자신을 드러내려고 하는 하이퍼 매개가 있다. 새로운 매체는 처음에는 기존 매체의 내용을 수용하고 흉내냄으로써 단순히 전달 방식의 변화만을 꾀한다. 그러나 시간이 지나면 자신의 고유한 매체적 특징을 반영하는 새로운 내용과 표현 양식을 구성하게 된다.[9]

메타버스는 게임인가 웹 서비스인가

가리방은 필기도 아니고 그렇다고 인쇄도 아니다. 메타버스 역시 게임도 아니고 그렇다고 전통적인 웹 서비스도 아니다. 메타버스는 게임의 방법론을 흡수한 개방형 웹 비즈니스 영역이다. 말하자면 온라인게임과 실생활 연계 서비스의 혼종 매체인 것이다.

온라인게임은 모르는 사람들을 한 공간에 모아 놀이 공동체를 형성한다. 소셜 네트워킹 서비스, 검색 포털, 증강현실 시뮬레이터, 인공지능 원격 교육 등은 현실에서 아는 사람들을 서로 연결하여 실생활의 수행 공동체를 형성한다.

오래전부터 온라인게임은 실생활과 연계되어 사람들에게 유익한 정보를 제공할 방법을 찾아왔고 실생활 서비스들은 사용자들을 즐겁게 해줄 놀이 형식을 차용하기 위해 노력해왔다.[10] 결정적으로 둘의 혼종을 촉진한 것은 인공지능과 소셜 소프트웨어의 발전

---

9   J.D. Bolter & R. Grusin, Remediation:Understanding New Media 1999. 이재현 옮김, 『재매개 : 뉴미디어의 계보학』(서울:커뮤니케이션북스,2006) 24면.
10   권보연, 〈SNS의 게임화 연구〉이화여자대학교 대학원 디지털미디어학부 박사학위 논문. (2015) 9면.

이었다.

디지털 사회로 진입하면서 데이터 자원이 폭발적으로 증가했다. 사물인터넷, 라이프로긴, 빅데이터 등이 발전했고 블록체인, 멈MUM, 멀티모달 등 새로운 인공지능 연관 기술이 성장했다. 그 결과 데이디의 수집, 분석, 활용이 실시간으로 연결되는 정보 연결성이 강화되었다.

2008년 금융 위기 이후 주주의 이익만을 대변하는 신자유주의가 퇴조하고 고객, 피고용자, 협력업체, 지역 사회 등 모든 이해관계자와의 소통이 강조되었다. 이에 따라 기업의 사회적 책임, ESG 경영, 공유 가치 등 사회 연결성이 강조되었다.

이와 같은 정보 연결성과 사회 연결성의 강화에 의해 매체와 콘텐츠, 서비스 전반에 컨버전스가 나타났는데 그 가운데 하나가 메타버스다. 메타버스는 온라인게임과 실생활 연계 서비스의 혼종이 일종의 플랫폼적 성격으로 나타난 것이다. 이를 도해하면 39쪽과 같다.

메타버스의 본질이 혼종임을 이해하면 우리는 앞으로 출현할 메타버스 시장, 메타버스 사무실, 메타버스 학교, 메타버스 정부의 방향성을 상상할 수 있다.

지금 열세 살 공룡이가 로블록스 스튜디오 스크립트를 가지고 3차원 가상의 게임 월드를 만드는 행위는 경제, 직업 세계, 교육, 행정에서 나타날 변화이다. 앞으로는 정부의 공공 서비스까지도 서비스를 원하는 사람들이 메타버스 플래폼 안에 스스로 원하는 행정 서비스의 월드를 구축하고 심의를 거쳐 운영하는 DIY^{Do It Yourself}

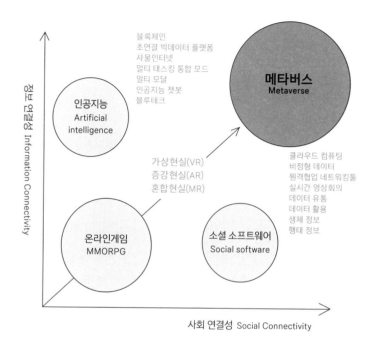

블록체인
초연결 빅데이터 플랫폼
사물인터넷
멀티 태스킹 통합 모드
멀티 모달
인공지능 챗봇
블루테크

메타버스
Metaverse

인공지능
Artificial
intelligence

정보 연결성 Information Connectivity

가상현실(VR)
증강현실(AR)
혼합현실(MR)

클라우드 컴퓨팅
비정형 데이터
원격협업 네트워킹툴
실시간 영상회의
데이터 유통
데이터 활용
생체 정보
행태 정보

온라인게임
MMORPG

소셜 소프트웨어
Social software

사회 연결성 Social Connectivity

메타버스를 향한 혼종화

방식의 메타버스 정부가 될 것이다.

혼종 매체에서는 다양한 요소들이 서로 속성을 교환하면서 재구조화된다. 원래의 데이터는 새로운 구조에 들어가 새로운 유형의 인터페이스로 등장한다. 각기 다른 매체에 있었던 속성과 기술들이 원래의 토대에서 풀려나 과거에는 불가능했던 방식으로 결합되는 소프트웨어 요소가 된다. 혼종화는 새로운 매체를 만드는 핵심 메커니즘이다.[11]

이런 매체 혼종 과정에서 두드러지게 발견되는 인간 경험은 재미 노동Fun Labor이다.[12] 유동적이고 불완전한 혼종 매체에 몰입할 때 사용자는 지금 이것이 일인지 놀이인지 구별이 되지 않는 복합적 감정을 체험한다.

가리방을 긁는 아버지처럼 공룡이도 자기 매체에 지극 정성을 기울인다. 많은 게임을 플레이하면서 사람들이 원하는 게임에 대한 시장 조사를 한다. 정원에 서 있는 나무 하나도 툴박스의 객체를 그냥 가져오지 않고 새로 만든다. 계속 지형과 객체의 색을 바꿔보면서 색감을 살린다. 배경 음악을 수없이 듣고 바꾼다. 사소한

---

11 Lev Manovich, 이재현 옮김, 『소프트웨어가 명령한다』(서울:커뮤니케이션북스, 2014) 223면.

12 재미 노동이란 본래 놀이의 동기에서 시작된 가상세계 체험이 현실세계의 노동과 똑같은 숙련도와 훈련과 인내심을 요구하는 진지하고 몰입적인 체험이 되는 현상을 뜻하는 개념이다. 2006년 게임 연구에서 등장했다. 대표적인 사례로 중국인 작업장의 노동자 200만 명이 〈리니지〉의 가상화폐 아덴을 채집해서 한국인들에게 파는 골드 파밍(Gold farming), 미국에서 500불을 받고 〈월드오브 워크래프트〉의 캐릭터를 40레벨에서 60레벨까지 대신 육성해주는 파워 레벨링(power leveling), 〈세컨드 라이프〉에서 사용자 창작 도구로 아이템을 만들어 파는 셀링 아이템(selling item)이 있다. 류철균 신새미, '가상세계의 재미노동과 사용자 정체성' 한국콘텐츠학회 논문지 제7권 8호. 184면.

거래창, 아이콘 하나도 쿨하게 보이도록 인터페이스를 계속 고친다. 무엇보다 난이도의 조절을 위해 자기 자신이 만든 게임을 무수히 반복해서 테스트한다.

이러한 사용자 창작 행위에는 아버지의 가리방 제작과 유사한 인간적인 감정이 흐른다. 지루하고 힘들지만 더할 수 없는 몰입과 충만감, 남들은 알 수 없는 어떤 확고하고 풍요로운 세계와 하나가 된 조화감이다. 새로운 혼종 매체를 자기만의 가깝고도 개인적인 매체, 즉 친근한 반려 매체로 경험하는 사람의 내밀한 현존감이기도 하다.

새로운 매체라는 팬데믹

처음에 새로운 매체는 대규모 감염병, 즉 팬데믹 같은 충격을 준다. 기존의 매체에 익숙했던 사람들이 당혹과 고통을 느끼며 생활과 제도를 바꿔야 하기 때문이다. 라디오가 처음 나타났을 때 사람들은 당황한 나머지 연주 현장의 소리를 최대한 그대로 전달하려 했다. 영화가 처음 나타났을 때 사람들은 어쩔 줄 모르고 연극 공연을 최대한 그대로 촬영하려고 했다.

새로운 매체 쪽에서도 처음에는 부담스럽고 수줍어서 공기처럼 투명해지려고 했다. 문자로 된 필사물은 말의 모방물이 되려 하고 활자 인쇄물은 필사본의 모방물이 되려 했다. 영상은 인쇄된 대본의 모방물이 되려 하고 가상세계는 영상의 모방물이 되려 했다. 이 단계에서 아주 자연스럽게 혼종이 진행되었다.

그러다가 사람들이 익숙해지면 매체는 차차 자신을 드러냈다. 필사물은 서예나 캘리그래피처럼 정교하고 아름다운 글씨체를 추구하게 되고 활자 인쇄물은 더 정확하고 효율적인 대량인쇄를 추구하게 되었다. 영상은 미장센과 몽타쥬의 미학을 추구하고 가상 세계는 나의 분신인 아바타로 시뮬레이션 공간에 나타나는 임장성을 추구하게 되었다.

이처럼 혼종은 매체가 역사적으로 진화하는 과정이다. 구비 서사시, 소설, 신문과 만화, 영화와 텔레비전, 게임과 다중접속 온라인게임과 메타버스 등의 매체들이 쌓이고 혼종되고 정착되어 각각의 매체계Media Sphere를 이루었다. 메타버스는 이런 역사적 진화의 마지막 장면에 놓여 있다.

43쪽의 표는 필자가 스토리텔링의 역사를 설명하기 위해 작성한 '이야기 예술의 발전' 도표를 확장한 것이다.[13] 모든 시대에 가리방 논문의 신비가, 철필/파라핀 종이로 인쇄 비슷한 것을 만들어 내는 혼종 매체 활동이 나타남을 볼 수 있다.

활자계가 완전히 성숙했을 때 작가들은 자신의 매체 기술을 속속들이 알았다. 발자크는 소설가인 동시에 인쇄업자였다. 생시몽은 필경사였고 레닌은 신문 〈이스크라(불꽃)〉의 윤전기를 직접 돌릴 수 있었다. 이광수는 〈독립신문〉의 필자 겸 식자주조공이었으며 염상섭은 요코하마 복음인쇄소의 인쇄공이었다. 그러나 이렇듯

---

13   이인화 외, 『디지털 스토리텔링』(서울:황금가지,2003) 17면.

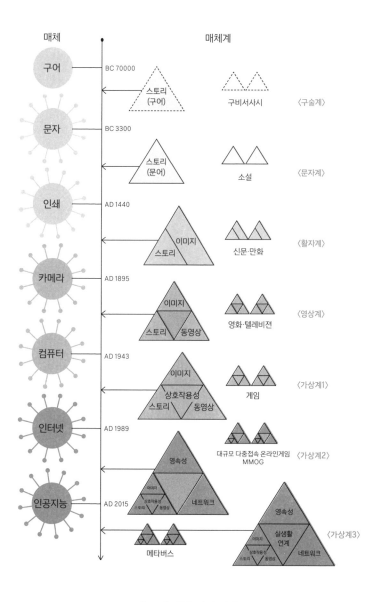

매체   매체계

구어   BC 70000   스토리 (구어)   구비서사시   〈구술계〉

문자   BC 3300   스토리 (문어)   소설   〈문자계〉

인쇄   AD 1440   이미지 / 스토리   신문·만화   〈활자계〉

카메라   AD 1895   이미지 / 스토리 / 동영상   영화·텔레비전   〈영상계〉

컴퓨터   AD 1943   이미지 / 상호작용성 / 스토리 / 동영상   게임   〈가상계1〉

인터넷   AD 1989   영속성 / 이미지 / 상호작용성 / 스토리 / 동영상 / 네트워크   대규모 다중접속 온라인게임 MMOG   〈가상계2〉

인공지능   AD 2015   메타버스   영속성 / 실생활 연계 / 이미지 / 상호작용성 / 스토리 / 동영상 / 네트워크   〈가상계3〉

혼종에 의한 매체 진화

행복한 이해 뒤에는 또 새로운 매체가 나타나고 당황과 수용, 혼종에 의한 매체 진화가 반복된다.

최초의 매체계인 구술계Orality sphere에는 인간의 기억을 강화할 수 있는 각종 정형구, 운율, 리듬, 반복, 대구, 단어와 어형 선택의 규칙이 발전했다. 1만 5693행의 〈일리어드〉와 1만 2110행의 〈오딧세이〉, 헤시오도스, 핀다로스를 암송해서 이야기하는 놀라운 '기억술'이 구술계의 특장점이었다. 호메로스 같은 고대의 시인들은 기억을 현장에서 말로 재현하는 스토리텔링 뿐, 어떤 외재적 기술도 사용하지 않았다.

기원전 33세기 남부 메소포타미아의 우루크에서 문자라는, 살아 있는 말을 공간에 정지시켜 버리는 놀라운 기술이 출현했다. 두번째 매체계인 문자계Literacy Sphere에서 구술 전통은 위축되고 길고 분석적인 문장들, 대량의 어휘, 수사학적인 상용구 들이 나타났다. 문자를 아름답게, 생동감과 매력이 넘치게 쓰는 기술은 예술로 발전했다. 문자계의 특장점은 글씨로 생각을 보존할 수 있는 '저장성'이었다.

15세기 문자를 기계로 배열하고 사본을 대량으로 생산하는 인쇄라는 기술이 나타났다. 세 번째 매체계인 활자계Typo-sphere는 대중이 읽기 쉬운 활자체, 문장 부호, 교정 기법, 쪽 번호, 단락 나누기, 서문, 장 구분 등의 텍스트 구성 방식을 보급했다. 책 읽기도 집단적 낭독 대신 개인화된 묵독으로 변했다. 외부적으로는 저자, 출판인, 독자, 학자, 교사라는 분화되고 전문화된 담화 소비 체계가 나타났다. 활자계의 특장점은 정교한 지식과 감각을 생산하고 공유

할 수 있는 '전문성'이었다.[14]

19세기에 사진과 영화가, 20세기에 텔레비전이 등장하여 영상 매체 혁명이 일어났다. 네 번째 매체계인 영상계Video-sphere는 인간의 모든 감각에 호소하는 총체적 즉각성을 발휘했다. 시청각적으로 재현되어 직사각형의 틀 안에 들어간 현실은 국경을 뛰어넘고 교육과 언어의 장벽을 뛰어넘었다. 누구나 영상이 전달하는 경험을 알아듣고 참여하고 싶게 만들었다. 영상계의 특장점은 '전달력'이었다.

20세기 후반 등장한 컴퓨터는 이전에 존재했던 모든 매체를 디지털 데이터로 바꾸는 매체 처리 장치가 되었고 그 결과 다섯 번째 매체계, 가상계Vitual-sphere가 출현했다. 사용자는 직사각형의 스크린을 보기만 하는 것이 아니라 각종 입력 장치를 이용해 스크린 안의 세계를 조작한다. 가상의 시뮬레이션 공간으로 나의 분신인 가상의 신체(아바타)를 가져가서 상호작용하게 된 것이다.[15]

가상계의 특장점은 게임의 경우 내가 물속에 잠겨 나의 감각 기관이 완전히 다른 현실에 둘러싸여 있다는 감각[16], 즉 '몰입감Immersion'이다. 대규모 다중접속 온라인게임의 경우 내가 멀리 떨어져 있는 장소에 참여하고 있다는 감각, 즉 '임장성Tele-presence'이며,

14 Marshal Mcluhan, Understanding of Media 1964. 박정규 옮김, 『미디어의 이해』(서울:커뮤니케이션북스,2005) 198면.
15 Lev Manovich, The Language of New Media 2000. 서정신 옮김, 『뉴 미디어의 언어』(서울·생각의 나무,2004) 131-138면.
16 Janet Murray, Hamlet on the Holodeck 1997 한용환 변지연 공역, 『인터랙티브 스토리텔링』(서울:안그래픽스,2001) 111면.

메타버스의 경우 많은 사람이 같이 북적거리며 현실세계의 지식과 재화를 나눈다는 특성, 즉 '공생성Conviviality'이다.

메타버스의 사람들은 재미 노동을 경험한다. 그들에게 유희와 노동의 경계는 시간적으로도 공간적으로도 모호하다. 온라인 네트워크 속에서 아바타로 만나 같이 게임 플레이를 하다가 싱거래의 비즈니스를 하고, 긴요한 정보를 교환하다가, 정치적 시위를 한다.

그러므로 메타버스에서의 게임은 게임의 한계를 넘어선다. 메타버스에서 사용자는 다른 사용자들, 즉 살아 있는 사람들과 진짜 관계를 맺는다. 친구를 사귀고 상거래를 하고 노동을 한다. 나아가 정치적 힘을 조직하고 자신의 진짜 생명을 걸고 시위를 한다.

〈모여봐요 동물의 숲どうぶつの森〉(이하〈동물의 숲〉)에서는 중국의 압제에 반대하는 홍콩 민주화 투사들이 오늘도 '자유 홍콩' '홍콩의 광복을 위해, 이 시대의 혁명을 위해'를 외치고 있다. 대통령 선거가 끝난 지금도〈동물의 숲〉안에서 트럼프의 지지자들은 바이든의 지지자들과 싸우고 있다.

이것이 수많은 매체의 등장과 수용을 거쳐 우리 동시대인들에게 주어진 매체계이다. 불가역적으로 너무 많은 매체들이 혼종되어 복잡해졌는데, 그럼에도 불구하고 과거로 되돌아갈 수는 없게 되었다.

메타버스는 초연결 지능화 사회에서 매체와 매체 사이에 '제3의 매체'로 나타난 혼종의 공간이다. 메타버스의 공간은 일만을 목적으로 하는 직장이 아니며 사생활이 전개되는 집도 아니다. 대학 동

〈동물의 숲〉에 사는 홍콩 민주화 지도자 죠슈아 웡의 아바타

아리방, 동네 사랑방, 카페, 서점, 주점, 미용실처럼 공적인 동시에
사적인 매체 공간이다. 어쩌면 혼종이야말로 인간이 가장 편안하
게 느끼는, 역사를 통해 반복되어 친근한 매체 감각인지도 모른다.

3

크리에이터 중심 사회와
가버린 킬러의 세계

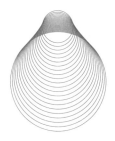

그리하여 거지는 크리에이터가 되었다

나는 절벽 아래로 몸을 던지기 위해 바람 부는 봉우리 위에 섰다. 현실이 아니라 〈로블록스〉의 인기 게임 '부러진 뼈Broken Bonds'라는 월드에서의 일이다. '부러진 뼈'는 절벽에서 몸을 날려 누가 자기 몸의 뼈를 더 많이 부러뜨리는가를 다투는 게임이다.

추락한 사용자의 아바타는 머리가 깨지고 팔다리가 탈골되어 뒤틀린 참혹한 모습이 된다. 머리가 돌에 부딪힐 때는 정신을 잃는 것처럼 화면이 뿌옇게 변하면서 빡 하고 두개골이 깨지는 소리가 난다. 그런데 무섭고 끔찍할 것 같은 이 행위는 예상치 못한 즐거움을 준다.

특히 〈로블록스〉를 하는 어린이들에게 가상의 절벽에서 뛰어내리겠다는 생각은 생활의 스트레스에 대한 해독제가 된다. 시험, 경쟁, 야망, 허영심, 인정과 성공의 추구는 마치 전염병 같다. 모두가 개미와 양, 펭귄처럼 몰려다니며 사랑받고 싶고 주목받고 싶다는 지속적인 욕망을 표출한다.

'부러진 뼈'는 사용자를 잠시 그런 생활에서 해방시켜 오직 현재만이 중요한, 벼랑 끝 상황으로 데려간다. 이때 엉성한 컴퓨터 그래픽으로 만들어진 태양, 나뭇잎, 그늘, 따뜻한 흙이 너무나 생생하게 느껴진다. 주위의 모든 것이 살아 있어 감각을 진정시키고 상상력을 진정시킨다. 몸을 던지는 행위는 생각할 필요도 없고 묘사할 필요도 없다. 그것은 그 자체로 완전하다.

이처럼 '부러진 뼈'의 자기 파괴에는 심오한 몰입감이 있다. 그 행위가 자신이 객관적인 이해득실을 따지지 않고 극단적으로 자유로운 선택을 할 수 있다는 증명이기 때문이다. 인간의 내면에는 자유를 향한 회오리바람과도 같은 광풍이 불고 있다. 합리, 불합리를 따지지 않고 자신의 의지대로 살고 싶은 충동이 있다. '부러진 뼈'의 투신은 아무리 자신에게 불리한 어리석은 행위일지라도 자기의지의 독립성을 증명하는 행위이다.

'부러진 뼈'를 플레이한 뒤 나도 직접 게임을 만들고 싶다는 생각이 생겼다. 주위의 어린 친구들이 이처럼 충격적으로 멋진 게임을 만들고 있지 않은가. 나도 구걸만 할 것이 아니라 게임을 만들어 돈을 벌고 싶었다. 공룡이처럼 우연히 만나는 누군가에게 비싼 아이템을 선물하고 싶었다.

〈로블록스〉에서 사용자들은 비싼 아이템을 선물하고 또 받는다. 모든 선물에는 출처가 있다. 아이템을 받는 사람은 주는 사람과의 사회적 관계 형성에 동의하는 것이 되며 상호호혜성을 통한 관계 증진의 기대에 동의하는 것이 된다.

메타버스에는 자신이 만든 게임으로 갑자기 돈을 번 사용자, 그래서 기쁜 나머지 주위에 호의를 베풀고 싶은 사용자가 항상 있다. 이런 사용자는 거지에게 기꺼이 뭔가를 준다. 상거래를 할 때도 자신의 비싼 아이템을 상대의 싼 아이템과 교환해준다.

'그래, 친구. 내가 손해지만 가져. 친구도 좀 신나는 일이 있어야지.'

이타적이고 비합리적인 그들의 호의는 구조주의에서 말하는 포틀래치potlatch, 증여의 축제처럼 보인다. 포틀래치란 북미 인디언 부족과 부족 사이에 체면을 잃지 않으려는 명예욕이 서로에 대한 과잉의 '퍼주기'로 나타나는 것이다.

그러나 메타버스에서의 적선은 포틀래치와 달리 사회 전체의 급부payment를 증진시키는 역할을 한다. 두 번, 세 번 적선을 받은 수증자('거지')는 자기도 모르게 증여자를 의식하게 된다. 나도 뭔가 해주고 싶다는 상호호혜의 욕구가 일어나며 증여자와 관계된 월드를 방문해줌으로써 그 월드를 활성화시키게 된다. 적선은 이론적으로는 무상이지만 실제적으로는 관계와 유대와 순환의 의무를 지는 상호증여가 된다.

나의 경우에도 증여를 받을수록 내가 형성하는 사회적 관계가

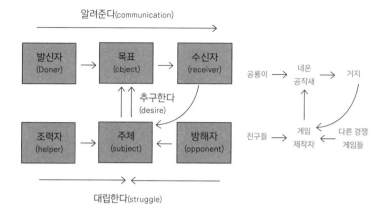

〈로블록스〉의 사용자 스토리텔링

늘어갔다. 너무나 자연스럽게 언제까지나 초보자처럼 받기만 하고 답례 방문 정도만 할 수는 없다는 생각이 들었다. 나도 메타버스 사회에 동화되어야 했다. 메타버스는 크리에이터 중심 사회다. 나도 주체가 되어 뭔가를 창작하고 상거래도 해야 했다.

  나의 변화를 굳이 도해하자면 위와 같다. 그레마스의 행동자 모델 이론에 따르면 모든 스토리에 공통된 서사 문법은 발신자, 수신자, 주체, 목표, 조력자, 방해자라는 6개의 행동자가 '알려준다' '추구한다' '대립한다'의 관계로 연결된다.[17]

  19세기 로맨스 소설의 작가들(발신자)이 수녀원 학교 기숙사에

---

17   A. J. Greimas, Sémantique Structurale Paris (1970) 김성도, 『구조에서 감성으로』 (서울:고려대출판부,2002) 205면에서 재인용.

서 그것을 읽는 엠마 보봐리(수신자)에게 파리 사교계의 정열적인 사랑(목표)을 알려주면 엠마는 주체가 되어 그것을 추구한다. 이 때 레옹과 루돌프 같은 그녀의 애인(조력자)은 이러한 추구를 도우며 빚쟁이와 이웃들(방해자)은 그녀를 압박한다. 메타버스에서 구걸하던 니의 시용자 스토리 역시 같은 행동자 모델을 갖는 것이다.

옐롯은 어떻게 크리에이터들의 대사부가 되었나

그리하여 나는 옐롯 선생의 문하에 들어가 게임 제작을 배우기 시작했다. 옐롯 선생은 〈로블록스〉 좀 한다는 사람이라면 모르는 사람이 없는, 스튜디오 스크립트 사부님이다.

어느 날 페이스북에 들어갔다가 나의 제자인 한경대 서성은 교수도 옐롯 선생에게 배우고 있다는 것을 알았다. 서성은 교수의 제자들인 한경대 학생들도 옐롯 선생을 사사하고 있었다. 이렇게 사제 3대를 가르치지만, 유튜브로만 뵙고 현실에서는 한 번도 만나뵙지 못한 대사부 옐롯 선생은 열세 살 초등학교 6학년 남학생이다.

옐롯 선생에게 배우는 것은 단순히 스크립트 프로그램을 다루는 방법이 아니다. 많은 〈로블록스〉 게임들은 기존의 게임을 흉내 낸 엉성한 모방작이거나 아주 간단한 맵 설계 게임이다. 옐롯 선생은 맵을 십대들이 뛰놀기 좋아하는 공간으로 꾸미는 장소 감각sense of place, 이 스토리 게임은 이렇게 끝나야 한다는 십대 특유의 목적 감각sense of purpose을 가르쳐준다. 스무 살이 넘은 늙은(?) 개발자들은

〈옐롯Yellot〉 유튜브 채널

깊은 좌절감을 느끼고 유튜브를 끌지도 모른다.

그러나 게임 만들기야 아무려면 어떤가. 시간 날 때마다 선생의 또랑또랑한 목소리를 들으면 마음이 밝아진다. 어린 시절 신나게 놀아서 즐거웠던 어느 하루를 떠올리고 자기도 모르게 빙긋이 웃게 된다.

옐롯 선생은 좋은 형이다. 스크립트도 가르치지만 친동생 블롯을 데리고 직접 게임을 하고 논다. '팀 크리에이트Team Create' 모드로 들어가 블롯과 함께 게임 만들기도 하는데 그 자체가 놀이가 된다. 친구와 함께 게임을 만드는 노동이 강력한 몰입감의 유희가 되는 재미 노동의 사례가 된다.

옐롯 선생이 노는 모습을 보면 '낙타, 사자, 아이'라는, 니체가 말한 인간 정신의 3단계 발전이 생각난다. 초등학교 6학년의 인생은 팍팍하다. 옐롯 선생도 스트레스가 많을 것이다.

그러나 괴로워도 인간은 저렇게 깔깔 웃으며 즐겁게 뛰어다닌다. 괴로움에 짓눌려 옴짝달싹하지 못하면 시체인 것이다. 나는 옐롯 선생을 본받아야 한다고 생각했다. 친구를 만나고 웃고 메타버스에서 뛰어놀고 새로운 것을 자꾸 배워야 한다. 세상은 변해간다. 변화를 받아들이지. 억울한 일을 겪었다고 앙앙불락 속을 끓이고 있으면 영원히 낙타와 사자일 것이다.

옐롯 선생의 유튜브 채널은 동영상을 업로드한 순서대로 볼 수 있어 사용자 경험 연구의 좋은 자료가 된다. 메타버스에서는 플레이 타임의 구간에 따라 사용자가 원하는 콘텐츠의 속성이 달라진다. 이것을 사용자 여정User Journey이라고 한다.

옐롯 선생의 동영상을 거슬러 올라가면 '빵신' '란이' '타시' '동룡쓰' '집사' '깅도이' '푸딩제리' 등 〈로블록스〉 유명 유튜버들과 유사한 특성들이 찾아진다. 이들과의 특성 대조를 통해 우리는 〈로블록스〉에서의 사용자 여정 3단계를 도출할 수 있다.

옐롯 선생은 처음 '탈옥수와 경찰' 월드에서 블롯과 탈옥수 놀이를 했다. 감옥을 탈출해 자동차를 훔쳐 타고 도시와 교외 지역을 달리며 경찰을 피해 도주하는 놀이였다.

'탈옥수와 경찰'은 허술함의 매력을 가진 월드이다. 빌딩 문은 닫혀 있으나 어딘가에는 벽을 기어오를 수 있고 옥상의 문이 열려 있다. 벽이라고 만들어진 곳도 자꾸 몸을 비비면 가끔 들어가진다. 기성의 세련된 게임, 속성값이 꼼꼼하게 정의된 게임과 달리 엉성하고 허술해서 더 상상적인 재미를 준다. 이것이 사용자 여정의 첫 단계다.

그러던 어느 날 옐롯 선생은 우연히 '로블록스 스튜디오 폴더'를 누르게 되고 자신이 직접 게임을 만들 수 있음을 알게 되었다. 그것도 아바타나 한두 개 객체가 아니라 환경 전체를 창작할 수 있다는 사실에 놀란다. 그래서 인터넷을 뒤지며 스스로 독학하기 시작했다. 이것이 두 번째 단계다.

요즘 옐롯 선생은 댓글에 많은 관심을 가지고 구독자와의 이벤트를 진행한다. 이렇게 〈로블록스〉 안에서 다른 사용자들과 교류할 것이며 현실에서도 팬들이나 사업상의 파트너를 만나게 될 것이다. 이것이 세 번째 단계라고 할 수 있다.

그런데 유튜브를 통해 구독자들과 소통하고자 하는 욕구는 평범한 사용자 단계에서부터 크리에이터의 단계까지 계속 유지되고 있

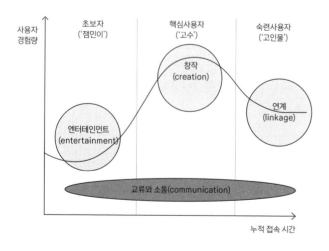

메타버스의 사용자 여정

다. 이를 도해하면 55쪽 아래와 같다.

위의 사용자 여정은 메타버스와 게임의 결정적인 차이점을 보여준다.

얼핏 보면 메타버스도 게임들을 모아놓은 유통 플랫폼처럼 보인다. 그러나 메타비스에서 '게임'은 여기에 해볼 만한 모든 것을 가리키는 명목론nominalism적인 명칭이다. 메타버스에는 팬 모임도 게임이고 친구들과 그냥 여기저기를 둘러보는 것도 게임이다. 순수한 롤플레잉의 연기를 하는 것도 게임이며 공연이나 영화를 보는 것도 게임이다.

〈로블록스〉에서는 그런 게임 월드를 만드는 사람이 세계의 주인이며 주인공이다. 심지어 로벅스를 구매하기 위해 유료 결제를 하는 서비스의 이름까지 '빌더즈 클럽Builders Club'이다. 게임 월드를 잘 만드는가 못 만드는가는 중요하지 않다. 게임 월드를 만들거나 장차 만들려고 한다는 사실, 즉 크리에이터의 정체성을 공유한다는 사실이 중요하다. 〈로블록스〉는 크리에이터들이 모여 친교를 나누고 상거래를 하는 플랫폼, 일종의 광장인 것이다.

크리에이터와 킬러

엘롯은 평범한 사용자로서 엔터테인먼트의 재미를 추구하다가 게임을 만들게 되고 나중에는 메타버스를 현실세계와의 접촉점으로 활용했다. 계속 유튜브 동영상을 찍어 사람들과 교류하고 소통

했다. 이것은 게이밍의 재미 혹은 몰입감 외에는 별다른 현실적 보상을 얻지 못하는 게이머와 전혀 다른 사용자 경험이다.

크리에이터야말로 시대와 더불어 성장하고 있는 메타버스의 신흥 지배 집단이다. 메타버스에서는 참여 정신, 협업 문화, 기술 친숙성을 가진 크리에이터가 목적 지향성, 경쟁 문화, 전투 친숙성을 가진 킬러를 압도한다.

크리에이터는 나보다 우리가 더 강하고 가치가 있다고 믿는 사람이며 자신이 가진 지식과 소스를 공개하고 공유하는 사람이다. 그들은 노트북과 핸드폰 등의 디지털 도구를 일상의 생활 도구 수준으로 활용하면서 음악 문화의 리-믹스, 샘플링 방식으로 기존의 소스를 융합해 자신의 콘텐츠를 만들어낸다.

전통적으로 가상세계를 지배했던 집단은 크리에이터가 아니라 킬러였다. 초창기 온라인게임의 연구자 리차드 바틀은 사용자마다 각기 재미를 추구하는 목표들이 다르다는 사실을 발견했다. 같은 게임을 하고 있는 사용자들이 사실은 저마다 게임의 다른 면을 바라보고 있으며, 다른 플레이를 하고 있는 것이었다.

바틀은 예상할 수 있는 성취 활동Acting을 좋아하는가, 예상치 못한 상호작용Interacting을 좋아하는가, 그리고 사용자Players에게 관심이 있는가, 환경World에 관심이 있는가에 따라 사용자의 행동 패턴을 성취가, 탐험가, 사교가, 킬러의 4유형으로 분류했다.[18]

18   Richad Bartle, 'Hearts, Clubs, Diamonds, Spades : Players Who Suit MUDs'(1996) Game Design Reader (Cambridge : MIT Press, 2006) 761p.

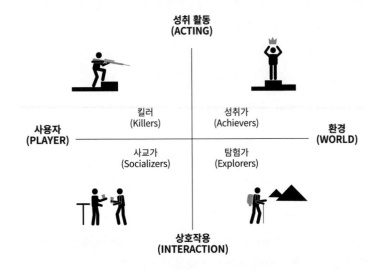

성취 활동
(ACTING)

킬러
(Killers)

성취가
(Achievers)

사용자
(PLAYER)

환경
(WORLD)

사교가
(Socializers)

탐험가
(Explorers)

상호작용
(INTERACTION)

온라인 다중접속 환경에서의 사용자 4유형

성취가는 희귀한 아이템을 모으거나 어려운 과제를 정복하는 것을 좋아하는 사용자이다. 항상 어떻게 하면 짧은 시간에 높은 레벨에 도달할 수 있을까를 고민한다. 게임이 어려울수록 더 훌륭한 게임이라고 느끼고 몰두하는 경향이 있다.

탐험가는 게임 공략의 비법에 관해 많은 것을 알아서 초보자들의 존경과 인정을 받는 것에 자부심을 느끼는 사용자이다. 모험을 하다 죽는 것을 개의치 않기 때문에 얻는 점수는 적고 게임 내의 랭킹도 상대적으로 낮다.

사교가는 인간관계를 형성하고 우정을 나누는 것을 좋아하는 사용자다. 종종 이채롭고 바보스러운 행동으로 웃음을 유발하고 사람들의 상호작용을 촉진한다. 사람들을 더 잘 알아가는 것이 그의 가장 중요한 목적이다.

마지막으로 킬러는 자신의 기량을 갈고 닦아 타인과의 전투력 경쟁에서 승리하는 것을 좋아하는 사용자이다. 다른 사용자를 죽이는 행동이 현실에서는 허락되지 않지만, 가상세계에서는 플레이의 일부로 허용된다는 사실이 킬러가 접속하는 가장 큰 동기이다. 킬러는 그 단호한 행동을 통해 자신의 우월성을 증명하기를 원한다.

그러나 행동을 중심으로 분류한 바틀의 4분법은 복잡한 사용자 경험을 설명하는 데 한계를 갖는다. 살아 있는 사람의 퍼스낼리티는 행동Behavior과 함께 특정한 방식으로 인생과 세계를 평가하는 학습된 경향, 즉 태도Attitude로 이루어지기 때문이다. 태도가 추가되면 외견상 같아 보이는 행동들이 전혀 다른 사회적 윤리적 의미를 부여받는다.

가상세계의 킬러 중에는 타인을 괴롭히는 것에 희열을 느끼는 반사회적 인격장애자가 있다. 그런 짓을 집단적으로 자행하여 돈을 갈취하는 조직폭력배도 있다. 그러나 친구를 사랑하고 공동체를 존중하는 태도 때문에 사람을 죽이게 되는 진짜 신사도 있다. 전사의 시간, 혁명의 시간에는 후자의 킬러들이 더 많이 나타난다.

2004년 5월 9일에 발발하여 2008년 3월 2일에 끝난 〈리니지2〉 바츠전쟁은 수많은 킬러 영웅들을 낳았다. 붉은 혁명 혈맹의 '수', 리벤지스 혈맹의 '야적'은 멀리서 그 모습이 나타나기만 해도 사람들이 감전된 것처럼 사기가 솟구치던 전투의 신들이었다. 민중의 선봉에서 버서커 스탠스 같은 대인전 극한 스킬[19]을 모두 켜고 아수라처럼 싸우던 '박성만만쉐' '눈물을감추고' '혜원낭자' '엘븐백기사' '어시장'은 신화에서 튀어나온 영웅들 같았다. 사람들은 17년이 지난 지금까지도 그들의 전설을 이야기한다.

사회적 통념상 킬러 유형의 사용자는 예외적이고 범죄적인 인간형처럼 인식될 수 있다. 그러나 게임 시대의 킬러는 가상세계의 꽃이요 영광이었다. 존경과 흠모를 받기도 하고 원한과 분노를 유발하기도 하지만 누구도 킬러를 무시할 수는 없었다. 사람의 아바타를 죽이는 것은 프로그램으로 움직이는 몬스터를 죽이는 것과는 비교 할 수 없이 어렵다. 킬러는 다른 사용자를 압도하는 능력과 의지를 갖추고 있었다.

사람들은 갈등을 좋아하지 않는다. 상황 전개에 개입할 수 있다면 대부분의 사람은 슬픔, 분노, 충격, 공포의 불쾌한 감정을 유발하는 갈등을 완화하려 한다. 이덕무의 『은애전』은 종로에서 장화홍련전을 읽어가던 전문직 소설 낭독자(전기수)가 소설 내용을 듣고 분노한 독자에 의해 살해된 일화를 전한다. 사람은 스스로 갈등을 선택하지 않을 뿐더러 남이 이야기하는 갈등조차 잘 참으려고 하지 않는다.

그러나 게임의 드라마틱한 세계를 위해서는 살벌하고 잔인한 무엇이 필요하다. 대다수 사용자는 법과 제도가 잘 정비된, 포스트모던 소비사회라고 부를 수 있는 현대 대도시에서 살고 있다. 그런

---

19 방어력이 초 단위로 감소하여 마침내 죽게 되지만 그 짧은 시간 동안 공격력이 배가되는 스킬.

사용자들에게 게임은 대안적 세계, 모든 것이 거짓이기에 모든 것이 가능한 세계가 되어야 한다. 킬러는 이 대안적 세계를 위해 꼭 필요한 콘텐츠라고 말할 수 있다.

"한 명의 혈원을 위해서라면 나는 전 서버와도 맞서겠다."

드래곤 나이츠 혈맹의 총군주였던 '수희안녕'의 말이다. 이 한 마디에 당당한 악을 자처하는 킬러의 역동적인 정신이 함축되어 있다. 바츠전쟁이야말로 킬러란 무엇인가를 설명해주는 사용자 스토리의 결정판이다.

킬러의 존재로 인해 게임은 의지적 인간들의 원초적 권력 충동이 맥박 치는 세계로 완성되었다. 그것은 허구만이 가능한 감정적 경험의 세계이며 미스테리와 힘, 그리고 마법으로 가득 찬 세계였다. 말초적인 동시에 비합리적이고 초자연적인 즐거움이 있는 세계였다.

킬러가 지배하는 대안적 세계로의 접속은 사용자들에게 일상 탈출의 해방감을 촉발했다. 킬러의 행위는 대안적 세계의 강렬한 파토스, 격렬한 갈등이 창출되고 지속될 수 있는 원천이 되었다.

온라인게임의 킬러들은 반사회적이고 자폐적인 '외로운 늑대'가 아니다. 그들은 활발하게 서로 소통하면서 유사시에는 상명하복의 군대처럼 일사불란하게 움직이는 사회적 인간이다.

드래곤 나이츠 혈맹에서 군주의 명령에 불복하는 혈맹원은 즉시 '혈탈(혈맹 탈퇴)'되고 같은 혈맹원들에 의해 그 자리에서 척살되었다. 죽이고 부활시켜서 다시 죽이기를 30여 차례 반복함으로써 눈 깜짝할 사이에 더 이상 방어구를 착용할 수 없을 만큼 '렙따(레벨 다운)'를 시켜 게임을 떠나게 만들었다.

킬러들은 다른 사람들을 능가하기 위해 집중하고 몰입한다. 두 대의 컴퓨터를 동시에 조작하는 투컴은 당연하고 혈맹 전쟁이 치열해지면 트리컴, 포컴까지 한다. 킬러는 "고도로 집중하고 몰입하는 방식으로 노는 목적지향적인 사용자"인 것이다.[20]

〈리니지2〉 바츠전쟁은 현실의 민중계층에 해당하는 일반 사용자들이 지배 혈맹과 3년 10개월 동안 싸워 독재를 몰아낸 전쟁이다. 바츠 서버를 지배하던 드래곤 나이츠는 가상세계에서 집단으로 구현되는 인간 의지의 강렬함을 유감없이 보여주었다. 그들은 '통제령'을 통해 좋은 아이템과 경험치를 얻을 수 있는 사냥터들을 독점했고 '척살령'으로 반발하는 사용자들의 캐릭터를 살해했다. 그들은 그렇게 확보한 사냥터에서 '오토'라는 자동 매크로 프로그램을 이용해서 24시간 아덴(리니지 세계의 가상화폐)을 벌어들였다.

3년 10개월에 걸친 대접전 기간 동안 '라인'이라고 불리는 지배 혈맹은 어떤 여론의 압박에도 굴하지 않고 끝까지 자기 의지를 관철했다. '반왕'이라고 불리는 민중 쪽은 죽여도 죽여도 계속 봉기했으며 5개 성을 중심으로 한 주요 전쟁터는 양측의 시체로 뒤덮였다.

2004년 7월 17일 민중 측은 독재의 상징이었던 아덴성을 함락시키고 모든 세금을 철폐했으며 감격과 흥분 속에 '바츠 해방의 날'을 선포했다. 그러나 불행히도 민중 쪽은 이 아덴성 점령을 계기

---

20 T. L. Taylor, PLAY BETWEEN WORLDS ; Exploring Online Game Culture (Cambridge : MIT Press, 2006) 71p.

로 타락해 갔다. 승리한 민중 쪽의 혈맹들은 사분오열되었다. 일부는 현실적인 여건을 핑계로 과거의 지배 혈맹과 똑같이 사냥터 통제와 오토 행위를 했고 바츠 해방의 대의는 땅에 떨어졌다.

새로 패치된 오만의 탑에 은둔해 힘을 기르고 있던 지배 혈맹은 군대를 일으켜 빼앗겼던 성들을 하나씩 다시 탈환했다. 해가 바뀐 2005년 1월 27일 지배 혈맹은 반란에 가담했던 자들은 이유 없이 무조건 죽인다는 무제한 척살령을 발동했고 사람들은 해방의 꿈이 비참하게 좌절되었음을 확인했다. 결국 야적, 어시장, 칼리츠버그 등은 지배 혈맹의 총군주 아키러스 앞에 무릎을 꿇고 우리가 캐릭터를 지우고 떠나겠으니 동생들만은 용서해 달라고 빌었다.

혁명의 영웅들은 이런 자결의 형식으로 영원히 바츠를 떠나갔다. "나는 지금도 떠나간 군주를 기다리며 칼을 간다. 나의 군주는 언제나 한 분 뿐이다."는 통곡을 뒤에 남긴 채.[21]

〈리니지2〉 바츠전쟁은 이와 같은 킬러들의 대서사시였다. 그것은 삶의 무의미함을 명확하게 인식하고 행동하는 절망자들의 이야기였다. 그들은 공포를 가로질러 행동을 추구했다. 그 행동은 약자의 체념을 거부하는 진정한 강자의 용기로서만 얻을 수 있는 행동이었다.

킬러들은 레벨이 높아지면 높아질수록 점점 더 위험하고 더 모험적인 행동에 도전한다. 죽음을 넘어서는 것은 인간에게 맡겨진

---

[21] 이후 총군주 아키러스의 은퇴로 드래곤 나이츠는 6혈 동맹으로 변했고 2차 바츠전쟁이 발발했으며 2008년 3월 2일 6혈 동맹의 총군주 아시타카가 혁명 측인 중립연대에 항복하면서 4년에 걸친 대전쟁은 막을 내렸다.

일이 아닐지라도 죽음을 통해 어떤 의미를 만들어냄으로써 죽음에 대항하는 것은 인간에게 맡겨진 것이다. 바츠전쟁에서 이루어진 킬러 유형 사용자들의 행동은 삶의 표현이며 존재의 가장 가치 있는 표현이었다. 그 행동은 인간의 굴레로부터의 자유를 위한 창조적 힘의 행사를 내포하고 있기 때문이다.

돌이켜보면 바츠의 민중 봉기는 처음부터 성공할 수 없는 혁명이었다. 킬러는 킬러의 지배를 대체하거나 개선할 수 없기 때문이다. 정치적 변혁의 열망은 매번 배신당하고 더 위선적인 킬러의 지배로 대체되었다. 다시 내전이 발발하고 악무한의 갈등이 모두를 폐인의 길로 데려갔다.

그러나 그럼에도 불구하고 킬러들은 고독한 개인들을 묶어주는 의지의 결합을 창조했다. 그들은 이같은 결합을 통해 인생에 의미를, 죽음에 가치를 부여하고자 했다. 이러한 희망과 행동에 의해 결합된 사람들은 혼자서는 도달할 수 없는 영역에 도달했다. 그것은 일상의 현실을 넘어선 서사시적 세계였다.

새로운 인정 투쟁의 성립

메타버스의 등장과 함께 이 잔인하고 장엄했던 킬러의 세계는 이제 역사의 어둠 속으로 사라져가고 있다. 모든 사용자가 콘텐츠를 만들고 그것으로 비즈니스를 할 수 있다는 너무나 이질적인 매체 시스템에서 킬러는 도저히 크리에이터와의 경쟁할 수 없다.

시대는 변했다. 메타버스에도 총질하는 게임이 있고 칼질하는 게임이 있다. 거기에는 'PvP$^{Player\ Vs\ Player}$'라 불리는 사용자 대결에 탐닉하는 킬러들이 있다. 그러나 메타버스에서 킬러는 전혀 존경을 받지 못하며 오히려 '잼민이'라 불릴 때가 많다.

유명 크리에이터나 유튜버들이 추종자를 거느리고 나타나면 킬러들은 어둑한 골목 낮은 추녀 밑으로 사라져버린다. 가끔 내가 몇 명을 죽였다고, 내가 칼쓰기와 총쏘기를 잘한다고 자랑하는 킬러가 있다. 그러나 그는 크리에이터 중심 사회가 어느 수준의 응석을 허락한 '한 마리 귀여운 소비자'일 뿐이다.

'자존^{自尊}' 혹은 '인정 투쟁'이라 번역될 수 있는 그리스어 티모스^{thymos}는 자신의 존엄을 타인에게 인정받으려는 투쟁을 뜻한다. 인간은 세상의 인정과 존경을 받으려고 하며 스스로 그러한 존재가 되기 위해 투쟁한다. 이것은 지극히 인간적이고 심정적이지만 반드시 합리적이지는 않은 욕망이다.

게임과 메타버스는 티모스의 규칙이 전혀 다르다. 킬러적인 것과 크리에이터적인 것의 이원대립이 게임과 메타버스의 전혀 다른 세계를 만들어내기 때문이다.

킬러와 크리에이터는 한계 경험을 수행한다는 점에서 공통점을 갖는다. 일정한 역사적 시공간을 살아가는 개인들이 그 시공간의 구조와 질서 아래에서 갖게 되는 반복적 경험을 일상 경험이라고 한다. 실인과 창작은 그런 반복적 일상에서 벗어난 경계적 경험으로, '한계 경험'의 범주에 속한다.

바틀의 4분법에서도 킬러와 크리에이터는 단독 행동, 사용자 중시라는 의미에서 동일한 사분면에 위치한다. 둘은 모두 수치적으로 계산되는 원인과 결과 모델을 선호하며, 상황에 맞게 목표를 갱신한다. 그러면서 효율성과 숙련도, 커뮤니티 지식과 친교 네트워크를 강화하려고 한다. 킬러는 살인으로, 크리에이터는 창작으로 주어진 세계 안에서 자기만의 마이크로 콘텐츠를 만들려고 노력하는 것이다.

그러나 입장 수수료와 지명도와 시세 차익이 지배하는 메타버스에서는 인맥을 군대로, 창작 능력을 무기로 하는 전혀 다른 전투가 벌어진다. 메타버스의 비즈니스는 흥분한 어린아이들의 열에 들뜬 머리가 만들어내는 상상들이 수증기처럼 피어오른다.

온갖 창조적인 조합의 아이템들이 하나의 제안이 되어 거래창에 걸리고 유튜브로 중개된다. 메타버스는 온갖 사업을 불러모으고 온갖 야심을 불타오르게 하지만 여기에 킬러가 나설 자리는 없다.

킬러는 이 뜨거운 시장에서 조용히 은둔하여 살거나 아니면 마음을 고쳐먹고 크리에이터로 변신해야 한다. 자신이 플레이하는

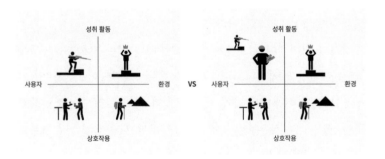

게임의 사용자 유형 대 메타버스의 사용자 유형

이유를 콘텐츠의 제작으로 재조정해야 한다. 아름다웠지만 킬러의 시대는 가버렸고 두 번 다시 오지 않을 것이다.

메타버스가 출현하기 전까지 크리에이터는 재료를 채굴하고 제작하고 강화하는 사용자로 가상세계에서 가장 의미없는 주변인이었다. 메타버스 사용자의 대표 페르소나를 이루는 13세 역시 가상세계와 현실세계 모두에서 아무런 힘이 없는 통제와 훈육의 대상이었다.

데모크라시(민주주의)라는 말은 고대 그리스어로 데모스(보통사람들)의 크라티아(지배)라는 뜻이다. 그러나 메타버스가 출현하기 전까지 이 보통사람 중에는 완전히 무시되는 구성원이 있었다. 부모에 대한 자식, 선생에 대한 학생, 성인에 대한 미성년인 엄청난 숫자의 사람들이 지식과 돈으로부터 소외되고 투표권이 없는 상태로 방치되어 있었다.

미성년에 관한 한 현대 민주 사회도 지배-피지배라는 원시적 권력 상황을 크게 벗어나지 못했다. 메타버스의 정치적 의미는 그것이 이렇게 어리고 약한 사람들에게 의사소통의 힘을 주는 매체라는 것이다.

인류의 문명화는 인격성의 확장Expanding Personhood 과정, 즉 "우리도 사람 대접을 받고 싶습니다!"라는 희망이 수용되는 과정이었다. 고대와 중세에는 왕과 귀족, 즉 영웅적인 개인만이 완전한 인간이었다. 농민, 상인, 수공업자 등은 모자란 인간, 뭔가 인격성에 결핍이 있는 인간들이었다. 노예와 야만인은 비인간, 즉 인간 아닌 존재로 간주되었다. 근대 시민혁명 이후에는 왕과 귀족보다 훨씬 숫

자가 많은 시민 계급, 즉 돈과 자산과 토지를 소유한 납세능력자만
이 완전한 인간이었다.

19세기 이후 인격성의 확장은 가속화되었다. 1848년 2월 혁명
이후엔 모든 백인 남성은 완전한 인간이 되었다. 1919년 영국 여
성 참정권 운동 이후엔 모든 백인 남성과 여성은 완전한 인간이
되었다. 1955년 흑인 민권 운동 이후엔 피부색을 막론하고 인간
은 완전한 인간이 되었다. 1970년 뉴욕 퀴어 운동 이후에는 소위
'LGBTQ'라고 불리는 성 소수자도 완전한 인간이 되었다. 2009년
로드 아일랜드 반려동물법 이후에는 종을 막론하고 기쁨과 고통의
감정적 능력을 지닌 존재는 가족에 준하는 기본적인 존엄권을 갖
게 되었다. 오늘날 이러한 인격성의 확장은 인공지능에까지 이르
고 있다.[22]

문명의 기본 가치인 권리, 자유, 품위, 친절, 진실은 공동체의 모
든 구성원에게 공평하게 분배되어야 한다. 그러기 위해서는 데모
스 내부에서 지식과 권력이 공평하게 분배될 수 있는 매체가 있어
야 한다. 메타버스는 가장 문명화된 매체로서 우리 사회에 이렇게
말한다.

"가장 약한 사람들에게 좋은 것이 모두에게 좋습니다."

22 Jiahong Chen·Paul Burgess, 'The boundaries of legal personhood', Artificial
Intelligence and Law (2019) 27:73-92
https://doi.org/10.1007/s10506-018-9229-x

4

뭘 모르는지 모르는
불확실성 공간

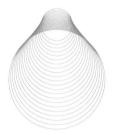

네 가지 메타버스라는 오해

우리는 1장에서 엄밀한 의미의 메타버스를 사용자들이 가상세계 속에서 현실세계의 실제 삶과 관계를 맺는 생활형 가상세계로 정의했다. 그렇다면 넓은 의미의 메타버스 개념은 어떻게 될까.

메타버스는 가상현실 세계, 증강현실 세계, 거울 세계, 라이프로 긴(생활기록)의 네 가지 유형으로 구성된다는 정의가 있다. 혁신의 '필연적 가속화'를 주장하는 존 M. 스마트가 만든 정의다.

존 스마트는 캘리포니아 로스가토스에 미래 가속화 연구 재단 ASF이라는 사무실을 내고 2006년 5월 산 호세에서 제1회 메타버스로드맵 서밋을 개최했다. 서밋 직후 그는 2007년 6월 메타버스 로드맵 프로젝트www.MetaverseRoadmap.org라는 홈페이지를 만들었는데 여기서 이 가상, 증강, 라이프, 거울의 4유형론이 나왔다.

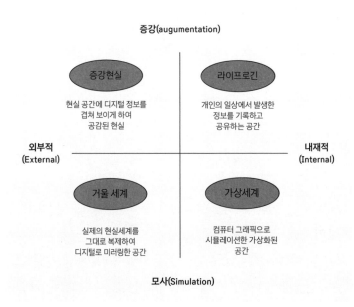

존 스마트의 메타버스 4유형론[23]

IT 컨설턴트로서 존 스마트는 시대의 요구에 부응했다. 2007년 캘리포니아는 인터넷 사업의 절정기를 맞고 있었기 때문이다.

---

23 http://www.metaverseroadmap.org/overview/03.html

이 해 미국의 '브로드밴드' 인터넷 가입자가 인구의 70퍼센트인 2억 명을 넘었고 이 가운데 47퍼센트는 케이블 모뎀을, 43퍼센트는 DSL을 썼다.[24] 당시 미국에서는 1Mbps 이상의 데이터 전송 속도만 나오면(업로드 속도가 아니다) '브로드밴드'라고 불렸다.[25] 평균 인터넷 속도가 7년 전의 한국을 따라잡은 것이다. 그러자 7년 전 한국과 똑같은 현상이 나타났다.

'디지털 시장의 잠재력이 폭발하는 역사의 가속적 발전'이라는 눈부신 비전이 불타오른 것이다. 미국은 1990년대부터 가상현실과 증강현실 기술을 선도하고 있었기에 이 상상력의 불길은 더욱 맹렬했다.

세컨드 라이프 버블은 절정에 달해 있었다. 시대는 뜨거운 꿈을 꾸고 있었다. 곧 서브프라임 모기지의 금융위기가 닥치고 스마트폰이라는 것이 모바일혁명을 일으켜 시장을 근본적으로 재편하리라는 것을 아무도 몰랐다. 이런 2007년 실리콘밸리가 빚어낸 것이 위의 4유형론이었다.

위의 4유형론은 증강과 모사라는 기술의 축, 외부적인 것과 내재적인 것이라는 세계의 축을 기준으로 메타버스를 분류했다.

증강은 현존하는 물리적 환경에 새로운 정보를 덧붙여 증강시키는 기술이다. 모사는 모델링을 이용해 전적으로 새로운 가상의 리얼리티를 제공하는 기술이다. 내부적이란 사용자의 에이전트(대행자), 즉 아바타에 수반되는 요소들을 뜻한다. 외부적이란 사용자의

24   Forrester, North American Technographics Benchmark Survey, (2007)
25   http://www.pcpitstop.com/research/bandwidthrange.asp (at.2008.1.25.)

아바타를 둘러싼 주변 환경에 수반되는 요소들을 뜻한다.

이런 네 가지 기준과 네 가지 영역은 급조된 만큼 범주 설정이 틀렸다. 안진경 교수의 지적처럼 증강과 모사 개념은 가상의 하위 범주이기 때문에 가상Virtual이 4분지 1의 영역에 머무를 수가 없다. '가상' 개념에는 일반적 의미, 철학적 의미, 정보 처리적 의미가 있는데 가장 좁은 정보처리적 의미("디지털 모델과 사용자의 입력으로부터 나타난 계산 가능한 가능성의 세계")를 택해도 가상 개념은 증강과 모사를 포함한다.[26]

범주의 오류를 차치하더라도 4유형론은 과도한 추상화의 문제가 있다. 대체 이 네 가지 개념에 속하지 않는 인터넷 서비스가 있을까. 공공 데이터조차도 누군가의 라이프로깅Lifelogging인 것이다. 이렇게 되면 메타버스라는 개념 설정의 의미가 사라진다.

특히 난처한 것은 거울 세계Mirror World이다. 거울 세계는 자신의 구매자와 사용자를 보호할 법적 근거가 없다. 현실 공간을 거울에 비추듯 3차원 가상공간에 복제한 거울 세계는 저작권법이라는 불지옥 위에서 이루어지는 댄스 마카브레(죽음의 춤)이다.

〈네이버 지도〉 같은 2차원 웹이 현실 공간을 복제하는 것과 〈어스2Earth 2〉〈업랜드Upland〉 같은 3차원 웹이 현실 공간을 복제하는 것은 전혀 성격이 다르다. 2차원 웹은 건물 디자인에 대한 메타 정보일 수 있지만 3차원 웹은 건물 디자인을 그대로 베껴 시뮬레이션할 수밖에 없다. 그 땅의 아름다운 건물이 인상적이어서 땅을 구

---

26 안진경, '가상세계의 유형 연구' 2008.5.29. 이화여대 가상세계 문화기술연구소. 미간행 논문.

매한 사용자 중 일부는 자연스럽게 현실과 똑같은 건물을 짓게 되어 있다.

유럽 의회는 2019년 3월 26일 저작권을 침해한 사용자뿐만 아니라 그 콘텐츠를 유포한 플랫폼까지 처벌하는 저작권법 개정안을 통과시켰다. 과거 구글의 〈마이 월드My World〉나 마이크로소프트의 〈버추얼 어스Virtual Earth〉 같은 거울 세계 선구자들이 사업을 중단하거나 가상현실 세계로 방향을 바꾸었던 이유도 이런 이슈 때문이었다.

거울 세계는 '가상부동산'이라는 강한 환상을 불러일으킨다. 그러나 그것은 환상이다. 〈에스맵S-Map〉처럼 도시를 공익적 목적에 따라 3차원으로 시뮬레이션하여 지도화한 뒤 행정, 환경, 관광 정보를 제공할 수는 있다.[27] 그러나 그 땅이나 건물을 가상부동산으로 판매하여 이익을 편취하는 것은 명백한 불법이다.

저작권에는 저작물을 창작한 사람의 저작권Copyright, 배우와 연출가와 토론자처럼 창작에 조력한 사람의 저작 인접권Copyright Neighbor, 대가를 지불하고 저작권 이용 허락을 받은 사람의 저작 이용권 Copyright Licensee, 대가를 지불하고 저작권 이용 허락을 받은 사람으로부터 저작권자와의 계약에 입각해 재허락을 받은 재허락 이용권 Copyright Sub-licensee이 있다.

거울 세계에 들어가는 객체들은 지도, 도형, 설계도, 약도, 모형에 적용되는 도형지작물에 해당한다. 거울 세계의 경우 도형저작

---

27 https://smap.seoul.go.kr/

물 객체의 숫자와 가변성 때문에 사업자가 '저작권 사용 동의서'를 받을 방법이 없다. 세계에는 수억 개의 건물이 있고 매일 약 1만 3천 채의 건물이 새로 나타난다. 지형에 대한 조경조차 저작권이 있다. 저작 이용권과 재허락 이용권 확보가 어려운 것이다. 저작물의 성격상 저작 인접권도 불가능하다.

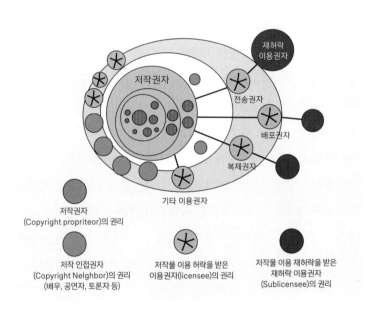

저작권의 개념도[28]

28 저작권법 시행령(2020.8.4.) 법제처 국가법령정보센터. (도표화는 필자.)
https://www.law.go.kr/LSW/lsInfoP.do?efYd=20200805&lsiSeq=220575#0000

정답은 거울 세계가 스스로 저작권을 가질 수 있는 가상세계로 전환하는 것이다.[29] 3차원 시뮬레이션 공간의 강점은 현실과 비슷해서 직관적으로 알기 쉽다는 수용성과 함께 옷과 용모, 헤어스타일, 직업, 스킬 등을 바꾸면서 사용자의 풍부한 취향과 개성을 드러낼 수 있는 표현성에 있다. 현실을 그대로 복제하는 것이 아니라 있는 그대로의 현실에서 뭔가를 보충할 때 메타버스의 존재 이유가 있다. 좋은 메타버스는 복제가 아니라 보충supplementary이며 현실이 아니라 현실처럼 느껴지는 것이다.

그러나 거울 세계 사업자들은 보다 대담한 방법을 택한다. '사업의 펀더멘탈이 불안하다고 해서 내가 돈을 벌지 못하는 것은 아니다'라고 생각한다. 다국적 법무 법인들도 공짜 점심을 기다리는 식충이의 심정으로 침을 흘리며 거울 세계가 높은 수익을 올릴 시점을 기다리고 있다. 결론적으로 거울 세계는 메타버스 논의에서 배제되어야 한다.

증강현실 또한 그 범주가 가상 개념에 포괄된다고 볼 때 결국 4유형 가운데 넓은 의미의 메타버스는 '가상현실 세계' 하나만이 남는다. 그러나 4유형이 가상현실 세계 하나로 줄어든다고 해서 메타버스의 개념이 더 명확히 해결되는 것은 아니다. 그것은 바로 가상이라는 것에 내재하는 불확실성의 에너지 때문이다.

---

29 가상세계를 거울 세계에 덧붙이는 보충, 거울 세계를 인스턴트 던전 형태로 만들어 가상세계에 삽입하는 축소(Micro Mirror World) 등이 있을 수 있다.

불확실성의 공간

2002년 2월 12일 미 국방성 브리핑에서 국방장관 도날드 럼스펠드는 뭘 모르는지 모르는 무지Unknown Unknowns라는 유명한 개념을 제시했다. 그가 설파한 것은 아래와 같은 지식의 4분면이다.[30]

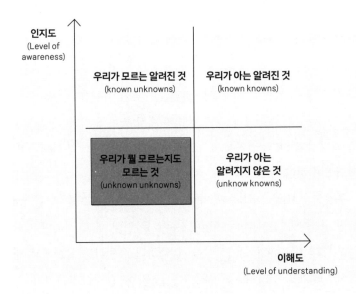

지식의 사분면

---

30 https://versett.com/writing/how-we-manage-uncertainty

도표에 따르면 이 세상에는 우리가 알지도 못하고 이해하지도 못하는 것, 즉 뭘 모르는지 모르는 무지가 존재한다. 이것은 존재하기는 하지만 우리가 예상할 수 없고 통제할 수도 없는 것이다.

메타버스의 가상세계는 우리가 아는 것에서 출발하여 우리가 모르는 것으로 진행된다. 처음 접속하면 메타버스에는 우리가 직관적으로 이해할 수 있는, 우리에게 익숙한 3차원의 공간이 펼쳐져 있다. 그러나 그 공간은 기본적으로 무엇이든 가능한 가상이기 때문에 모든 가능성과 경로에 대해 열려 있다. 시간이 흘러가면 갈수록 거기에는 점점 더 많은 미지, 반전, 충격, 문제들이 나타난다.

메타버스를 더 불확실하게 만드는 것은 현실세계보다 더 강한 연결성이다. 1990년대 이후 지구촌 세계는 정보통신기술과 저가의 대중 항공으로 고도로 연결되었고 사람들은 도시화에 따른 인구 밀집 환경에서 살고 있다. 이 연결성은 세계화 시대 이전에는 없었던 많은 불확실성을 낳고 있다.

한편 메타버스에서 사용자들은 링크와 텔레포팅[31]으로 더 빠르게, 더 밀접하게 연결되어 있다. 보이지 않는 메타버스 내부 경제, 즉 메타노믹스는 사용자들에게 더욱 상호의존적인, 대규모 다중접속의 인구 밀집 환경을 제공한다.

현실세계와 메타버스는 서로 닮아 있다. 유사한 초연결의 환경에서 아는 것보다 모르는 것이 더 중요해지며 우리가 뭘 모르는지도 모르는 것에 의해 크고 결정적인 변화가 일어난다. 사람들은 미

---

31 가상공간에서 캐릭터가 물리적 움직임 없이 순간적으로 위치 이동하는 것.

래를 예측하기 어려운 불확실성을 삶의 조건으로 받아들인다. 인생은 예방과 대비가 어렵다면 대응과 복구에 최선을 다해야 하는 하나의 시스템이 된다.

메타버스는 기술 발달에 따라 우연히 나타난 도구가 아니라 현실세계의 불확실성을 반영하는 세계 모델이다. 메타버스는 관찰과 실험으로 객관적인 결론을 도출하기 어려운, 일찍이 존재하지 않았던 방대한 규모의 불확실성을 내부에 안고 있다.

그렉 코스티키안은 게임을 비롯한 가상세계를 불확실성에 대한 탐구라고 정의한다. 즉, 인간은 가상세계를 통해 자신이 살고 있는 현실의 불확실성을 정교하게 구성된 허구로 체험함으로써 불확실성을 삶의 조건으로서 탐구하려 한다는 것이다.[32]

게임보다도 더 규모가 큰 메타버스에서 모든 메타버스에서 연구자는 코끼리를 만지는 장님의 자괴감을 경험한다. 틀린 말을 하는 것은 아니지만 전체가 아닌 부분만을 이야기하기에 결과적으로 진리라고 말할 수 없게 되는 것이다. 연구자는 지금 뭘 모르는지 모르는 불확실성 공간을 다루고 있는 것이다.

규모의 압박에 의한 현실과 가상의 융합

개념 정의의 불확실성을 극복하기 위해 이제 메타버스라는 상

32 Greg Costikyan, Uncertainty in games (Cambridge, MA:The MIT press book, 2013) 13p.

상의 출발점으로 거슬러 올라가보자. 이 출발점에는 메타버스라는 말의 본질이 오롯이 존재하고 있었다.

인간은 개념의 생산자이다. 먼저 개념을 생산하고 물질을 개념에 맞게 발전시킨다. 돌과 나무와 시멘트로 집을 짓기 전에 머릿속에 개념으로 먼저 집을 짓는다. 인간의 노동에서 원인과 결과의 시간적인 순서는 역전된다. 먼저 머릿속에 결과가 나타나고 그 머릿속 결과의 실험과 개선을 통해 현실이 만들어지는 것이다.

사람들이 컴퓨터를 통해 서로 소통하는 가상공간의 상상이 처음 형상화된 것은 윌리엄 깁슨의 소설 『뉴로맨서Neuromancer』(1984)였다. 이 소설에 나오는 '사이버스페이스'는 사람들이 컴퓨터 네트워크를 통해 만나 정보를 교환하고 비즈니스를 진행하는 공공 공간이었다.

소설의 배경은 핵전쟁과 신종 전염병으로 망가졌지만, 정보통신 기술과 생체 공학은 기형적으로 발전된 근미래 사회다. 주인공 케이스는 사이버스페이스로 들어가 정보를 빼내는 해커였는데 조직을 배신한 죄로 온몸의 신경이 망가지는 보복을 당하고 폐인이 된다. 케이스는 일본 지바시의 뒷골목에서 몰리라는 여자 킬러와 아미티지라는 전직 군인을 만나 병든 몸을 고친다. 케이스는 아미티지, 몰리와 함께 세계를 지배하는 인공지능 뉴로맨서의 사이버스페이스로 들어가 뉴로맨서를 정복한다.

줄거리 요약에서 알 수 있듯이 이 소설은 영화 『매트릭스Matrix』(1999)에 심대한 영향을 주었다. 그러나 이 소설은 사이버스페이스의 구체적인 형상을 묘사하지는 못했다. 사이버스페이스는 '비옥

한 데이터 들판', '새하얀 빛으로 이루어진 입방체' 등의 관념으로 설명될 뿐, 그 세계가 어떤 메커니즘으로 돌아가는지 사람들이 어떻게 움직이고 어떤 사물들이 있는지는 생략되어 있었다.

이러한 한계를 극복한 것이 닐 스티븐슨의 소설 『스노우 크래쉬 Snow Crash』(1992)였다. 이 소설은 '아바타'와 '메타비스'라는 용어를 창안하고 오늘날 우리가 목격하고 있는 메타버스의 관념을 제시했다. 여기서 메타버스는 장소와 소품과 이동 공간, 그 세계를 움직이는 컴퓨터 언어와 소프트웨어까지 정밀한 디테일로 묘사되고 있다.

소설의 배경은 핵전쟁 이후 미국이 수천 개의 소규모 자치도시들로 분열되고 거대 정보통신자본이 세상을 지배하는 근미래사회다. 주인공 히로는 범죄와 마약이 횡행하는 도시에서 피자 배달원 일을 하고 있지만 메타버스라는 가상세계에서는 모두가 알아주는 최강의 검객이다. 메타버스에 '스노우 크래쉬'라는 컴퓨터 바이러스가 퍼지자 히로는 정보 독점을 획책하는 악당에 맞서 싸운다.

『스노우 크래쉬』는 메타버스 속에서 현실과 가상을 융합할 수 있는 궁극의 해결책을 제시했다. 그동안 생활과 게임, 현실세계와 가상세계는 완전히 다른 두 개의 도메인 영역이었다.

많은 사람이 동시에 접속해서 상호작용하는 온라인게임의 사회성도 진짜 현실의 사회성과는 달랐다. 온라인게임에는 사회적 네트워크도 있고, 친교 집단도 있고, 직업 길드도 있고, 가상 재화를 벌기 위해 지겹게 일해야 하는 노동도 있었다. 그러나 그 사회성은 낯설고 새로운 나라로 잠시 여행을 떠나왔을 때와 같은 사회성, 현실세계를 떠나온 후퇴와 휴식을 선물하는 사회성이었다.

온라인게임에도 현실의 정치 권력과 유사한 지배 혈맹이 있었다. 폭정과 억압이 있고, 위선과 여론 조작이 있고, 무거운 세금이 있었다. 그러나 바츠전쟁처럼 그 권력은 내복만 입은 수만 명의 평민들이 뼈단검을 들고 궐기하여 가상적으로 수없이 죽으면서 싸우면 전복시킬 수 있는 권력이었다.[33]

카스트로노바의 말처럼 아무리 사회성 강한 게임도 현실이 이 이상 넘어오면 안 된다는 선이 있다. 물리적 지구에 존재하는 정치, 경제, 사회 등이 계속 잠식하면 게임은 끝장난다. '그곳(게임)'에 사는 것은 '이곳(현실)'에 사는 것과 달라야 한다. 이 선이 지켜지지 않으면 판타지는 구멍 나고 환상은 죽어버리며 일상과 다른 멋진 세계를 살아볼 수 있는 위대한 기회가 사라지는 것이다.[34]

그러나 이처럼 엄격한 현실과 게임의 경계가 무의미해지는 경우가 있다. 그것은 바로 『스노우 크래쉬』에 나온 '메타버스' 처럼 규모성Scalability의 압박이 작용하는 경우이다.

인간은 매 순간 환경으로부터 오는 자극이 좋은 것인지 나쁜 것인지, 자신에 대한 지원인지 위협인지를 판단한다. 이것은 생존에 필수적인 활동이기에 이렇게 판단을 하는 행위 자체가 몰입 상태를 만들어준다. 인간이 오랜 시간 동안 게임을 할 수 있는 이유도 이것이다.

33   이인화, 『한국형 디지털 스토리텔링 – 리니지2 바츠전쟁 이야기』(서울:살림출판사,2005)
34   Edward Castronova, 'The right to play' (2004) New York Law School Review 49(1) 196p
(https://papers.ssrn.com/sol3/papers.cfm?abstract_id=733486)

불확실성의 놀이인 게임에서 의심은 그 놀이가 끝날 때까지 지속되어야 한다. 게임의 모든 스킬은 패배할 위험의 불안과 관련된다. 사용자가 너무 게임을 잘해서 더 이상 노력하지 않아도 이길 수 있을 때 게임은 재미가 사라진다.

닐 스티븐슨의 메타버스에서는 게임이 인위적으로 만드는 자극과 판단의 몰입 상태를 가상세계의 규모 그 자체가 만든다.

명칭	메타버스
개발사	GMPG(글로벌 멀티미디어 프로토콜 그룹)
개요	3차원 컴퓨터 그래픽 가상세계 플랫폼
설명	뇌파 기반 대뇌 피질 직결 인터페이스 제공 2K해상도의 헤드셋 고글 착용 동시 접속자 6천만 명
특징	폭 100미터, 길이 1만 킬로미터의 중심도로로 '더 스트리트'를 따라 개발된 대도시 환경
비고	게임 플레이의 주력이었던 전투가 사용자의 마이크로 콘텐츠 생성 행위로 변형됨

『스노우 크래쉬』에서 묘사된 메타버스

위에서 나오는 1만 킬로미터는 지구 둘레의 22퍼센트이다. 도시의 중심도로가 1만 킬로미터라는 것은 현실에서는 성립 불가능한 규모이다. 게다가 그것은 계속 확장되고 있는 것이다.

현실의 물리적 지구보다 큰 우주적 스케일. 환상적 웅장함. 무한하고 장엄한 확장. 인간의 감응 범위와 인식 능력을 뛰어넘는 기술과 정보와 인구의 과잉. 이 규모성이 바로 메타버스였다. 기존의 많은 메타버스들이 실패했던 이유는 동네 골목 몇십 개를 붙여놓은 것 같은 메타플레이스Metaplace의 규모로는 이러한 메타버스의 규모성을 구현할 수 없었기 때문이다.

『스노우 크래쉬』의 메타버스에서는 가끔 게임 플레이 같은 칼싸움, 즉 사용자 간의 전투가 일어나고 일부 지역은 물리적 법칙이 무시된다. 그러나 대부분 지역은 현실세계와 똑같은 생활이 전개된다. 사람들은 물건과 정보를 사고팔며 매매량은 엄청나다. 메타버스의 통화가 현실의 달러로 바뀌는 곳에는 크고 활발한 환전 시장이 생겨난다. 뭘 모르는지 모르는 무지의 영역이 압도적인 이 규모성 때문에 메타버스에는 게임에 몰입할 때와 같은 긴장이 생겨난다.

메타플레이스, 멀티버스, 메타버스

현재 〈로블록스〉에 5천만 개의 게임 월드가 구축되어 있다. 사용자들은 〈로블록스〉로 접속해서 아바타를 생성한 뒤 펫 육성 게임, 텍스팅 게임, 추리 게임 등 게임 월드로 들어가는데 각 월드의 면적은 평균 1제곱 킬로미터 정도로 추정된다. 그렇다면 〈로블록스〉 전체는 지구 표면적의 10퍼센트에 달하는 넓이인 것이다.

2021년 현재 메타버스 사업은 아직 인지도가 낮고 객관적인 시장 환경이 완성되지 않은 도입기이다. 사업적 변수, 기술적 변수, 국가별 환경이 복잡다단하게 얽혀 있는 미성숙의 복잡계이다. 그러나 중요한 것은 메타버스가 확대되는 속도다. 2021년 〈로블록스〉 하나의 메타버스에서도 매일 수만 개의 게임이 생겨나고 있다.

이 속도가 미래를 보여준다. 14세기의 흑사병, 20세기의 스페인 독감처럼 코로나 19 역시 세계의 정치와 경제, 사회 시스템을 재설정하는 계기가 되고 있다. 이제까지 부분적 단편적으로 진행되어 온 디지털화는 코로나를 계기로 완전하고 전면적인 디지털화로 변하고 있다.[35]

현재의 성장 속도를 감안할 때 메타버스 시대는 기존의 2차원 웹 시대처럼 1개의 기업 혹은 공공기관이 독립된 플랫폼으로 인터넷 서비스를 운영하기 어렵다. 메타버스는 독립 플랫폼이 아니라 통합 플랫폼이 될 것이다. 논의의 편의를 위해 일괄 메타버스라고 부르지만 엄밀한 의미에서 현재의 메타버스들은 진짜 메타버스가 아니라 메타플레이스이다. 미래에 출현할 진짜 메타버스는 통합 플랫폼으로서, 지구보다 더 큰 공간이다.

메타버스라는 복잡계의 미래를 전망하기 위해 우리가 선택한 것은 외삽법Extrapolation Method이다. 외삽법이란 과거의 추세가 그대로 지속되리라는 전제 아래 과거의 추세선을 연장해서 미래 일정 시점의 상황을 예측하는 기법이다. 이것은 수학에서 구간 밖 영역에 있는 함수값 X를 구하는 보간 다항식을 사회에 적용한 것으로 SF 소설가들이 많이 사용한다.

외삽법을 적용할 때 우리는 '나중 것이 먼저 것을 설명한다'는 목

---

35 ETRI 경제사회연구실, '코로나 이후의 글로벌 트렌드-완전한 디지털 사회' ETRI Insight 2020. (https://ksp.etri.re.kr/ksp/plan-report/read?id=817)

적론Teleology의 설명력을 갖게 된다. 즉, 현재의 예비 메타버스들은 미래의 메타버스로 가는 실험 단계가 된다. 미래의 메타버스는 현단계 예비 메타버스들에 숨겨져 있는 의미와 심층 구조를 드러낸다.

인터넷은 현재 정보를 송출하는 시대push로부터 사용자들이 스스로 정보를 창출하고 공유하는 시대share를 거쳐 사용자들이 아바타를 이용해 정보로 이루어진 3차원 디지털 가상공간 속에 거주하는 시대reside로 진입하고 있다. 2021년부터 궁극의 메타버스에 이르는 과정을 외삽해보면 대략 아래 도표와 같은 3단계의 역사적 발전으로 정리할 수 있다. 아래 도표의 '가상거주시대'는 다시 87쪽의 도표와 같은 세 시대로 나눠진다.

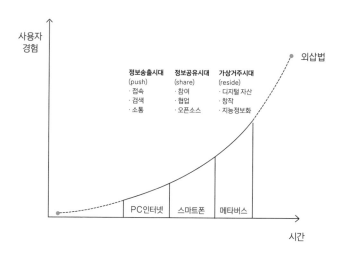

정보 혁명의 진화와 외삽법

첫째는 메타플레이스 시대이다. 2021년 현재 존재하는 것은 아직도 태동기의 메타버스, 고립 분산된 메타플레이스들이다. 이들이 온라인게임과 다른 점은 모든 서비스를 독점 제공하려 하지 않는다는 점뿐이다. 이들은 사용자에게 콘텐츠를 제작할 수 있는 도구를 제공하거나 비즈니스 파트너와 제휴하여 다양한 콘텐츠와 서비스를 제공하려 한다. 이 단계에서는 방문객의 수를 늘리고 단순 방문객을 돈을 지불하는 고객으로 전환시키는 것이 과제가 된다.

둘째는 준準 메타버스, 멀티버스 시대이다. 태동기의 경쟁에서 살아남은 메타플레이스가 더 작은 메타플레이스와 웹사이트들을 통합하여 상호호환성을 확보한다. 메타버스는 더 이상 독립된 솔루션들의 집합이 아니라 서로 연결된 하나의 생태계로 운용되기 시작한다. 상호호환성이 확보된 멀티버스들은 기존의 웹사이트, 기존의 기업 시스템과 제휴를 확대해간다. 그들은 분야별 포털이 되면서 구글, 바이두, 네이버 같은 범용 포털과 경쟁하고 그 시장을 잠식하게 될 것이다.

셋째는 진짜 메타버스의 시대다. 이때는 『스노우 크래쉬』와 같은 개념의 메타버스, 지구보다 더 큰 디지털 가상공간이 나타난다. 시장 경쟁의 결과 글로벌 자이언트에 해당하는 소수의 메타버스가 남게 될 것이다. 이들이 창작자로서의 사용자로부터 출발하여 콘텐츠 공급자, 유통 및 광고 플랫폼 사업자, 통신 사업자를 거쳐 소비자로서의 사용자에 이르는 긴 가치 사슬을 관리할 것이다. 가상통화는 법정 화폐처럼 경제에 심대한 영향력을 행사할 것이다.

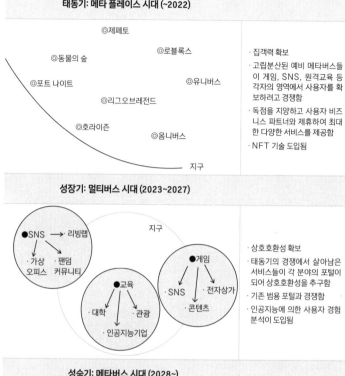

태동기: 메타 플레이스 시대 (~2022)

◎제페토
◎로블록스
◎동물의 숲
◎유니버스
◎포트 나이트
◎리그오브레전드
◎호라이즌
◎옴니버스
지구

· 집객력 확보
· 고립분산된 예비 메타버스들이 게임, SNS, 원격교육 등 각자의 영역에서 사용자를 확보하려고 경쟁함
· 독점을 지양하고 사용자 비즈니스 파트너와 제휴하여 최대한 다양한 서비스를 제공함
· NFT 기술 도입됨

성장기: 멀티버스 시대 (2023~2027)

●SNS → 리빙랩
지구
·가상 오피스 ·팬덤 커뮤니티
●교육
·대학 ·관광
·인공지능기업
●게임
·SNS ·전자상가
·콘텐츠

· 상호호환성 확보
· 태동기의 경쟁에서 살아남은 서비스들이 각 분야의 포털이 되어 상호호환성을 추구함
· 기존 범용 포털과 경쟁함
· 인공지능에 의한 사용자 경험 분석이 도입됨

성숙기: 메타버스 시대 (2028~)

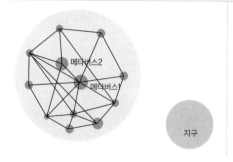

메타버스2
메타버스1
지구

· 규모성 확보
· 각 분야의 포털들이 통합되어 모든 메타버스 사업들을 중개하는 소수의 거대 플랫폼들이 나타남
· 경제 공간이 물질적인 지구보다 커짐
· 2D 콘텐츠, 3D 콘텐츠를 총괄 관리하며 현실과 가상을 연결함

메타버스 발전 전망

제2부

쟁점

5

왜 〈리니지〉는 메타버스의
이상이 아닌가

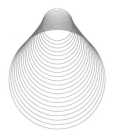

〈리니지〉라는 이름의 멍에

한국은 세계 최초로 대규모 다중접속 온라인 롤플레잉게임의 상용화에 성공한 국가이다. 1995년 12월 〈바람의 나라〉가 나타나고 〈리니지〉, 〈레드문〉, 〈라그나로크〉, 〈거상 온라인〉 같은 명작들이 출시되면서 한국 사용자들은 온라인게임에 친근해졌다. 그 결과 한국에는 "가장 훌륭한 메타버스는 〈리니지〉가 아닌가?"라는 선입견이 존재하게 되었다.

한국인들은 4년 동안 20만여 명이 참전한 〈리니지2〉 바츠전쟁을 겪었다. 사랑, 우정, 독재, 학살, 혁명, 전쟁, 해방, 광기, 환멸,

배신, 비통, 절망, 부패, 반혁명 …… 도대체 우리가 〈리니지2〉에서 보지 못한 것이 있었던가? 모든 것이 알려지고 모두가 함께 휘말려 들어갔다. 더 더럽고 더 무능한 지배집단으로 변한 혁명세력 앞에서 한 조각의 진실이라도 건져 올리기 위해 피눈물을 흘렸다.

사용자들은 가상세계에서 벌어진 3만 3864시간의 길고 긴 영화, 한국형 디지털 스토리텔링을 통해 인간 사회의 깊은 비밀을 보았다. 그것은 선의 반대가 악이 아니라 위선이라는 사실이었다.

독재에 반대하는 자들은 더 선할 것이라는 믿음은 고귀한 착각이었다. 〈리니지 2〉는 개인주의적 영웅주의가 허용되지 않는 체제, 작은 얼굴의 보통 사람들이 지배하는 체제만이 민주주의를 정착시킬 수 있다는 진리를 가르쳐 주었다.

〈리니지〉는 최근 잘못된 운영과 과금정책으로 쇠락했고 많은 비판을 받았다. 그러나 콘텐츠 자체만을 생각할 때 〈리니지〉 플러스 알파($+\alpha$)야말로 가장 이상적인 메타버스가 아닌가. 〈리니지〉는 상용화된 3차원 시뮬레이션 애플리케이션 가운데 조 단위 매출에 안착한, 거의 유일한 성공 모델이다. 무엇보다 자연발생적으로 일어나 몇 년씩 지속되는 대규모의 풍부한 스토리가 있다. 집객력이 검증된 가상세계인 것이다.

2010년 2월 4일 필자가 대만을 방문했을 때 〈리니지〉는 대만 시장 점유율 1위의 국민 게임이었다. 〈리니지〉를 서비스하는 겜매니아Gamania의 게임 매니저 리옌허(당시 30세)는 자신의 인생을 이렇게 요약했다.

혈맹원의 소개로 취직해서 11년간 매일 회사에서 8시간 〈리니지〉를 했다. 혈맹원이 운영하는 식당에서 밥을 먹고, 혈맹원의 헤어숍에서 머리를 자르고, 혈맹원이 중개해준 집에 살고, 혈맹원과 결혼했다. 퇴근하면 아내와 함께 〈리니지〉에 접속해서 일반 사용자로 플레이하고 잔다.

리엔허의 예는 극단적이지만 국경을 초월한 〈리니지〉 문화의 한 특징을 보여준다. 혈맹원들은 사냥하면 나오는 희귀 아이템을 서로 양보하면서 서열에 따라 나눈다. 혈맹원끼리의 상거래는 시세의 반값이다. 극진한 서비스를 받고 싶다면 혈맹원의 가게로 가면 된다. 게임에서 매일 함께 전쟁을 하는 혈맹원들은 동아시아 서민사회의 전통적 윤리 감각, 즉 '의리와 인정'을 실천한다.

이처럼 〈리니지〉는 일정한 문화적 가치까지 지닌 서비스다. 〈리니지〉에 소셜 네트워킹을 강화하고 커뮤니티 기능을 활성화하며 메신저 기능을 추가하고 광고와 쇼핑과 교육 기능을 좀 넣는다면 그것이 완벽한 메타버스가 아닌가.

그러나 사정은 매우 다르다. 현대 민주 사회에 기반한 다양한 서비스들은 〈리니지〉의 원시적인 권력 상황, 즉 계급적이고 무단적인 세계와 융합되기 어렵다. 〈리니지〉라는 게임은 의도적으로 사냥터에서 사용자들 사이에 갈등과 충돌이 일어나도록 설계되어 있다. 사냥터에서 일어나는 개인과 개인의 갈등은 혈맹과 혈맹의 갈등으로 빠르게 비화된다. 〈리니지〉는 이렇게 조성된 집단적 증오를 통해 공성전을 중심으로 한 대규모 전쟁이라는 게임의 중심 콘텐츠를 창출해낸다.

요한 호이징가 식으로 말하면 〈리니지〉는 사용자를 현실로부터 차단시키고 내부로만 몰입하도록 만드는 마법의 원^{magic circle}이 너무 강하다. 게임 내부의 세계를 흥미롭게 만들기 위해 설정된 제약과 규칙들 때문에 현실 생활과의 연결이 어려워지는 것이다.

〈리니지〉가 게임에서 이룩한 빛나는 성취는 메타버스에서의 멍에가 된다. 〈리니지〉에도 진지한 사회적 친교가 있고 활발한 상거래가 있다. 그러나 결국은 전쟁이 모든 것을 압도한다.

〈리니지〉를 지배하는 것은 숨겨둔 살의가 거리를 정복하는 활의 크라토파니, 단호하게 방어구를 뚫고 들어가는 단검의 크라토파니다. 크라토파니Kratophanie란 역현力顯, 힘의 드러남이라는 뜻이다. 이 힘의 드러남에는 사람을 힘의 노예로 만드는 주술성이 있다.

혈맹 전쟁이 격화되면 힘은 데미지 계산과 스킬로 정형화된다. 거리가 떨어져 있을 때는 활을 쏘아 상대방의 체력을 깎다가 맞부딪히는 순간 무기를 단검으로 바꿔서 찌른다. 강화에 강화를 거듭해서 현금 3백만 원, 4백만 원씩 하는 높은 공격력의 단검들을 사서 서로 찌르고 찔린다.

이러한 힘의 주술성이 계급사회를 만든다. 〈리니지〉 세계는 게임 시스템으로 결정되는 사용자의 레벨이 수치화된 힘, 즉 공격력과 방어력으로 나타나는 철저한 계급사회이다. 지배 혈맹의 부유한 만렙 사용자와 군소 혈맹의 일반 사용자는 같은 게임을 하지만 완전히 다른 세상에서 살아간다.

계급의 사다리와 전쟁의 광풍은 극단적인 몰입을 요구한다. 제2차 바츠전쟁 '침묵의 수도원' 전투처럼 3개월 동안 쉬지 않고 계속된 전투도 있다. 오직 영웅만이 싸우고 죽어가는 그 깊고 고독한

골짜기에는 공부하고 직장에 다니는 평범한 보통 사람이 들어갈
여지가 없다.

건강한 몰입 경험

메타버스는 발전 단계마다 과거의 전망이 무너지고 판도가 바뀌
어 왔다. 새로운 관점이 생겨나고 해답을 찾는 과정에서 질문 자체
가 변하기도 했다.

그러나 메타버스의 변치 않은 이상은 게임의 몰입형 가상세계와
현실과 연결된 생활형 가상세계가 결합되는 혼종이다. 메타버스는
폭력성과 중독성이 완화되어 누구도 '폐인'으로 만들지 않는 세계,
전투와 사냥만이 아닌 사용자의 다양한 실생활 관심사가 수용되는
세계를 원한다. 가상이 사용자를 현실로부터 단절시키는 것이 아
니라 가상이 단절된 현실을 이어주고 열어주는 세계를 원한다.

모든 기술 혁신은 집단의 죽음을 그 안에 품고 있다. 메타버스
라는 기술 혁신은 〈리니지〉가 양산했던 사용자 집단을 소멸시키는
것을 목표로 한다. 이 목표는 대단히 어렵고 비현실적으로 보인다.

사용자들이 너무 많이 몰입하지 않아도 되는, 약한 개입의 재미
Low-Involvement Fun 라는 것은 아직까지는 메타버스만의 백일몽이다.
그러나 인간에게는 분명히 건강한 몰입 경험, 즉, 자발적이고 지속
적이며 순도 높은 관심을 유발하면서 그것이 좋은 생활의 원동력
이 되는 경험이 있다.

M. 칙센트미하이는 몰입 상태를 "아무런 외적인 보상이 제공되지 않는 상황에서도 능동적으로 행위에 참여하고자 하는 심리적 상태"라고 정의했다. 몰입은 자기 목적적인 경험이며, 경험에 참여하는 것 자체가 보상이기 때문에 사용자는 어떻게든 그런 활동을 추구하도록 동기화된다.[36]

메타버스는 이런 건강한 몰입 경험이 기존의 게임이 제공하는 플레이의 재미 위에 사회적 친교 활동과 비즈니스 활동을 더할 수 있다고 믿는다. 이러한 이상 때문에 메타버스 산업은 온라인게임이라는 검증된 사업 모델을 버리고 어렵고 고통스러운 가시밭길을 걸어온 것이다.

1995년 메사추세츠에서 닐 스티븐슨의 '메타버스' 개념을 대중의 참여로 구현하려는 〈액티브 월즈Active Worlds〉가 나타났다. 2000년 2월에는 한국에서 액티브 월즈를 토대로 세계 최초로 메타버스 상용화 서비스를 시도한 〈다다월드Dada World〉가 출현했다. 2003년 미국에서 〈세컨드 라이프Second Life〉와 〈데어There〉가 등장했다.

이때부터 세계 곳곳의 진지한 개발자들이 현실과 가상의 경계를 초월한 문화가 진실로 인간적인 문화라는 메타버스의 이상을 불태우기 시작했다. 미디어들은 인류가 지역과 인종과 계급을 뛰어넘어 가상세계 속에서 협력하는 미래를 예언했다. 접속이 폭주하고 주가가 올랐으며 계속 컨퍼런스가 개최되었다. 바야흐로 메타버스의 시대가 열린 것 같았다.

---

36   M.Csikszentmihalyi, 이삼출 역, 『몰입의 기술』, (더불어책,2003) 51−75면.

그렇지만 얼마 후 접속은 줄고 광고는 끊어지고 투자자는 떠났다. 개발자들은 발밑이 무너지며 사라져가는 사업을 구하려고 몸부림치며 손을 휘저으며 입에 거품을 물었다. 마지막에는 싸늘한 정적만이 흐르며 실패한 IT 서비스야말로 지상의 모든 보잘 것 없는 것 중에서도 가장 하찮은 것임을 증명했다.

2011년 국내 유일의 메타버스 연구소였던 이화여대 가상세계 문화기술연구소는 당시의 151개 메타버스 가운데 국내외의 대표적인 메타버스 50개를 선정하여 서비스 요소와 기술, 사용자 경험을 조사했다. 클럽펭귄, 멀티버스, 누리엔, 미트미, 알파월드, 오즈월드 등 서비스 중인 메타버스 39개와 비바체, 필리(지오심) 등 베타 테스트를 마친 메타버스 유망주 11개였다.[37]

10년 후 이들 151개 중 〈로블록스Roblox〉〈하보호텔Habo Hotel〉〈세컨드 라이프Second Life〉 3개만이 살아남고 나머지는 쇠락했다. 나스닥 기업으로 성공했다고 말할 수 있는 것은 〈로블록스〉 하나인데 〈로블록스〉조차 영업 실적은 10년 넘게 적자를 이어가고 있다.

시장 개척 기업 〈로블록스〉

〈로블록스〉는 세계 1위의 메타버스 기업이며 언택트 시대의 대표적인 수혜주이다. 그러나 시장 지배 기업은 결코 아니다.

---

37 류철균 박승호 김명준 외, 〈가상세계 창작 기술 개발 보고서〉 한국문화콘텐츠진흥원 (2011.4.29.)

인터넷의 역사를 보면 시장 개척 기업이 먼저 나타나고 그 후에 시장 지배 기업이 등장한다. 웹 1.0 시대의 넷스케이프와 AOL(아메리칸 온라인), 웹 2.0 시대의 브로드캐스트닷컴과 마이 스페이스는 최초로 대중의 관심을 받은 시장 개척 기업Paving Way Company이었다. 장기지속의 시장 지배 구조를 형성하는 기업은 이들이 만든 시장의 변곡점이 지나간 후에 나타난다. 웹 1.0 시대의 이베이와 아마존, 그리고 웹 2.0 시대의 페이스북과 구글이 바로 그런 시장 지배 기업이다.

〈로블록스〉는 시장 개척 기업이다. 〈로블록스〉 사용자들은 누구나 그 문제점을 직관적으로 알게 된다. 〈로블록스〉에는 이제까지의 메타버스 서비스들이 안고 있었던 많은 기술적 재정적 운영적 어려움이 함축되어 있다.

첫째, 〈로블록스〉는 엄청난 규모의 사각지대Dead Area를 안고 있다. 〈로블록스〉 안에 5천만 개의 게임 월드가 있다지만 그 가운데 90퍼센트는 하루 평균 방문자가 10명도 안 된다. 방문자가 많은 게임 월드에도 필요 없는 지형과 객체가 많다. 그 결과 '핑'이라고 약칭되는 네트워크 응답 속도 지연 현상이 극심하다.

둘째, 〈로블록스〉는 보안에 취약하다. 사기 게임을 광고하여 유인한 뒤 게임 시작 버튼을 누르면 로벅스가 자동으로 결제되도록 하는 범죄가 많다. 해킹을 막고 인가된 사용자가 인가된 서비스를 사용할 수 있도록 인증하는 보안은 플랫폼의 기본적인 운영 기능인데 이것이 제대로 작동하지 못한다.

셋째, 〈로블록스〉는 콘텐츠 검색이 어렵다. 네이버 같은 포털의 검색창에 단어만 입력하면 되는 2차원 웹과 달리 메타버스에는 이미지와 소리, 동영상 등의 멀티모달 데이터들이 검색되어야 한다. 외부 메타버스와 콘텐츠를 서로 열람하고 연결할 수도 있어야 한다. 〈로블록스〉는 이러한 상호호환성의 요구에 부응하지 못한다.

〈로블록스〉의 약점들은 크라우드소싱의 부작용이다. 크라우드소싱은 참여자의 능력과 의지에 따라 콘텐츠의 완성도가 각각 다르며 표준화되기 어렵다. 언제 어디까지 콘텐츠가 구축될 것이라는 작업 범위와 절차를 예측하기도 어렵다. 마지막으로 콘텐츠를 만든 크라우드 노동자들은 대개 개인이기 때문에 사용자 이탈에 능동적으로 대처하지 못한다.

〈로블록스〉가 보여주고 있는 이 많은 한계에도 불구하고 메타버스 산업은 〈리니지〉 플러스알파로 후퇴하지는 못할 것이다. 그것은 메타버스가 새로운 사용자 경험을 통해 더 의미심장한 발전의 가능성을 열어놓았기 때문이다.

메타버스는 가상세계의 개발자와 사용자 사이에 존재하는 법과 권리의 원형을 바꿔 놓았다. 〈리니지〉에서 개발자는 가상세계의 환경을 결정하는 '신God'과 같은 위치에 있었고 개발자가 만든 가상세계는 현실의 법체계와 분리되어 존재하는 픽션, 즉 소설이나 영화 같은 허구의 세계였다.

사용자는 개발자가 만든 세계에 대해 테마파크의 놀이 장치를 이용하는 방문객, 돈을 내고 렌트 카를 빌린 임차인의 위치에 있었다. 아무리 많은 돈을 내고 아이템을 구매해도 그 아이템을 비롯한 게임 내 모든 콘텐츠의 소유권은 개발자에게 있었다. 〈리니지〉의 사용자는 말로만 고객님일 뿐 신 앞에서의 미물과 같은 굴욕적이고 종속적인 존재였다.

이에 반해 메타버스에서 개발자는 단지 '플랫폼 오너owner'일 뿐이다. 메타버스에서 사용자는 크라우드소싱에 참여하는 비즈니스 파트너로 콘텐츠를 만들며 개발자의 권리 일부를 이양받는다. 아바타가 '텔레포트(순간이동)'를 통해 다른 장소로 날아가는 플랫폼 알고리즘은 개발자가 만들지만, 그 속에서 걷거나 뛰어다니는 모든 골목과 거리와 건물은 사용자가 만든다. 개발자와 사용자는 각기 자신에게 주어진 한계 안에서 자기가 할 수 있는 혁신을 추구하는 것이다.

메타버스로 돌아가는 사회

메타버스의 이 새롭고 강력한 원형은 정부, 민간, 국제기구 등 사회의 다양한 영역에 적용된다. 예컨대 메타버스 정부에서는 국민이 자신에게 필요한 정부 서비스를 직접 만든다. 이를 통해 사회 현안을 실질적으로 해결하고 새로운 가치를 생성하는 정부-국민의 디지털 파트너십이 성립한다. 공공 데이터의 구축, 유통, 활용을 모두 국민의 집단 지성이 결정하는 것이다.

국민들이 다양한 공개 데이터를 활용하여 원하는 공공서비스를 스스로 만들면 이제까지 존재하지 않았던 거대한 일자리 풀이 나타난다. 메타버스의 사용자 창작 도구를 이용해 '우리가 알아서 하고 나라에서 돈 받자'는 디오^{DIO : Do It Ourselves}의 혁신이 스스로 일자리를 만들어내는 것이다. 메타버스가 국가의 혁신 목표가 되면 이를 이용하는 새로운 사회가 나타나게 된다.

아직까지 메타버스는 많은 약점을 안고 있다. 메타버스의 개별 월드는 그것을 제작한 개인에 의해 아침저녁으로 다른 규칙이 적용되는 구조적 변덕성을 보인다. 이런 변덕은 사용자에게 불쾌감을 유발하고 전체 플랫폼의 가치를 손상시킨다. 이에 더하여 메타버스에서는 외설 표현, 명예훼손, 모욕, 미성년자에 대한 약취 유인, 가상 재화의 소유권 탈취, 가상 캐릭터의 살해, 가상 캐릭터에 대한 고문 등이 발생한다. 이러한 문제들은 향후 메타버스 관련 법, 제도의 정비를 통해 해결해야 할 문제들이다.

그럼에도 불구하고 중요한 진보는 메타버스의 사용자들이 자신이 창작한 게임 월드에 대해 지적 재산권을 보장받고 있다는 사실이다. 이런 법적 권리의 보장은 사용자가 점점 더 충실한 창작에 매진할 수 있는 인센티브가 된다. 사용자는 자신이 창작한 게임 월드의 규칙을 스스로 정함으로써 이제까지 가상세계의 법, 제도에 대해 유일한 유권 해석자였던 개발자의 자리를 공유한다. 메타버스의 사용자는 자기 세계의 입법자이며 신체의 전자적 재현인 아바타의 창조주인 것이다.

메타버스의 이상이 포기될 수 없는 이유는 사용자들이 이와 같은 권리와 자유를 경험했기 때문이다. 메타버스는 앞으로 규모성과 상호호환성을 확보하고 어려운 혁신 과제들을 해결하면서 독자적인 역사를 써나갈 것이다. 나아가 메타버스는 다중의 창작물로서 온라인게임과는 완전히 다른 미학적 차원에 도달하게 될 것이다. 그 미학적 차이는 〈리니지2〉와 〈로블록스〉에서 이미 맹아적인 형태로 나타나고 있다.

기교와 의지

한국의 게임 애호가들은 이른바 '리니지류 게임'이라고 하는 개념에 친숙하다. 그것은 공성전 등의 대규모 전쟁 콘텐츠를 중심으로 삼고 아바타와 아이템을 언리얼 엔진을 사용해서 극히 섬세하고 우아하게 조형하며 레벨과 장비에 따른 능력치의 차이가 극심한 게임들을 말한다.

여기에는 강대하고 난폭한 외세의 힘에 시달리며 이유도 의미도 없는 고통을 겪어온 나라 특유의 국민적 정서가 스며 있다. 아바타와 아이템의 묘사 하나하나에 아름답고 정교하면서도 착잡하고 우수어린, 감정적으로 예민한 형태와 선이 드러난다. 하이데거식으로 말해 대지에 안주하려 하지만 안주할 수 없는 쓸쓸함이 세계와 인물로 구현되어 있다.

레벨 1의 캐릭터로 태어나는 〈리니지2〉의 출발지 마을들은 대개 조용하고 음울하며 차분하게 가라앉아 있다. 사용자는 흡사 안개 속에 갇힌 고독한 인간 같은 망연함, 철이 들고 세상에 눈을 뜨면서 처음 인생에 대해 느꼈던 망연함을 느낀다.

어설픈 활을 들고 마을 밖으로 달려가면 빌 브라운의 애조 띤 게임 음악이 한 줄기 바람처럼 캐릭터의 연약한 지체를 감싼다. 그것은 희망보다는 불안, 파탄, 비극을 예고하는 리니지 세계의 독특한 정조를 가르쳐준다.

사용자의 캐릭터는 사냥을 하며 성장해간다. 혼자 어려운 사냥을 위해 2인 파티라는 일시적 협업 관계를 맺고 나중에는 9인 파티를 맺게 된다. 파티에서 친해진 사람들 때문에 40명 정도의 혈맹에 가입한다. 기란성처럼 하루 수만 명의 유동인구가 북적거리는 도시 거주자들의 느슨한 흐름 속에서 혈맹의 아지트를 들락거리며 소속감을 느낀다.

그러다가 사용자는 혈맹 전쟁의 정치적 격동 속으로 자기도 모르게 휩쓸려 들어간다. 혈맹들이 모인 동맹과 적대 동맹의 거대한 사회 집단이 사용자에게 존경과 사랑 그리고 증오와 원한의 광대한 네트워크를 선사한다.

혈맹 전쟁이 격화되고 사용자는 사랑하는 친구들과 함께 싸우다 하루 수십 차례 전사한다. 죽을 때마다 경험치를 깎여 레벨 다운이 이루어지고 사용자도 여러 번 적들을 죽여 이름이 붉게 변한다. 살인 패널티에 의해 '카오틱 캐릭터'가 되어 아무나 죽이고 장비를 빼앗아갈 수 있는 취약한 존재로 변한 것이다. 얼마 후 무제한 척살 대상자 명단에 오르고 자신의 장비를 착용할 수 없을 만큼 레벨이 떨어진 사용자는 더는 쓸 수 없는 캐릭터가 되어 게임으로부터 사라진다.

이것이 〈리니지2〉의 사용자 여정이다. 〈리니지2〉는 어둡고 쓸쓸해서 아름다운 청록빛 고려자기와 같다. 그 세계는 세련되고 정밀하다. 엘프, 휴먼, 다크 엘프, 오크, 드워프 각 종족의 테마 음악이 다르고 지역과 장소의 음악이 다 다르다. 상점에 가면 상점의 테마 음악이 있고 창고에 가면 창고의 테마 음악이 있다. 장인의 솜씨가 만들어낸 귀족적 기품이 음악에서부터 자연과 건물, 캐릭터의 신체와 의복, 장신구, 무기의 디자인까지 통일된 분위기를 형성하고 있다.

〈리니지2〉가 정밀한 기교의 아름다움을 추구한 고려자기라면 〈로블록스〉는 조선 막사발에 비유할 수 있다. 〈로블록스〉에는 대지에 뿌리박은 단단하고 소박한 미학이 있다. 그것은 의지의 아름다움을 추구하며 관습에 얽매이지 않는, 영원한 생성이 있는 미완성의 미학을 지향한다.

〈로블록스〉의 캐릭터는 곡선이 아니라 직선이다. 직사각형 육면체의 블록을 이리저리 늘이고 붙여 팔과 다리와 몸통과 얼굴을 만들었다. 다른 게임에서는 거의 볼 수 없는, 대담하게 동체를 깎아낸 수직면에서는 야성적인 취향이 느껴진다. 〈로블록스〉의 월드를 이루는 지형과 건물은 거칠고 산만하고 분방하다. 색채도 유치하고 조잡하다.

그러나 소박한 게임성을 찾는 사람들은 〈리니지2〉보다 〈로블록스〉에 더 많은 점수를 줄 것이다. 〈리니지2〉를 지나치게 화려하다고 생각하고 〈로블록스〉가 한층 진실하고 깊이가 있다고 느낄 것이다. 〈로블록스〉에는 외양을 버리고 게임한다는 행위Gaming의 핵심을 거머쥔, 반反미학의 아름다움이 있다.

십대의 사용자가 〈로블록스〉의 특정 월드를 좋은 게임이라고 주장할 때 그 이유는 진실하다. 그것은 거기에 자신과 오프라인 현실에서 친한 친구들이 많다는 뜻이다. 게임은 교류와 소통의 수단일 뿐 그 자체가 목적이 아니라는 견실한 생각이 〈로블록스〉에 흐르고 있다.

〈로블록스〉에 들어가면 사용자들이 무리를 지어 끊임없이 어디론가 가고 있다. 두세 명, 서너 명, 예닐곱 명, 십여 명씩 낄낄 깔깔 까르르 까르르 웃으면서 끊임없이 누군가를 따라 줄래줄래 걷고 있다.

이 워킹이 생각이라는 것을 자유롭게 만든다. 직육면체 같은 팔다리를 뒤뚱거리면서 걸어가는 발걸음에 내면의 나도 동일한 리듬으로 움직이면서, 알고 보면 나도 얼마나 유쾌한 존재인지를 깨닫게 한다.

무리 지어 걷는 로블록스 워킹은 내 안에 숨어 있는 장난꾸러기, 어쩌면 한 번도 만나 보지 못한 낯선 자아를 해방시킨다. 거칠고 말할 수 없이 투박해 보이는 직육면체의 팔다리는 이 워킹의 흥겨움을 위한 회심의 디자인이 된다.

"대애박! 대애박 재밌는 거 있삼!"

"님 며쨜? 이리 오삼! 이리 오삼!"

줄래줄래 그룹에는 이렇게 설레발을 치는 임프레사리오Impresario가 항상 있다. 임프레사리오란 유랑 극단의 단장에서 유래된 말로서 소셜 게임에서 놀이를 구성하는 주도적 존재, 몰려다니며 노는 자들의 대장을 말한다.

게이밍의 핵심은 결국 친구들 서로가 서로를 플레이하는 것이다. 임프레사리오와 그의 친구들은 서로 정보를 퍼뜨리고 수합하고 상호작용하면서 활달하고 자유분방한 게이밍을 한다.

친구끼리는 미안한 거 없다. 되든 안 되든 같이 가보는 것이다. 그동안 게임 내의 밸런스를 해치면 안된다는 금기 때문에 규제받아 왔던 온갖 상상이 메타버스의 방식으로 해방된다. 〈로블록스〉에 담긴 사용자 활동의 사례들을 나열해보면 그 상상력의 규모를 확인할 수 있다. 106쪽의 도표는 1천만 명 이상의 접속자가 있는 항목을 중심으로 작성했다.(굵은 글씨는 게임 월드의 타이틀)

왼쪽의 욕구 항목은 A. H. 매슬로우의 욕구 5단계설에서 차용했다. 인간에게는 가장 근원적인 생리적인 욕구로부터 가장 차원 높은 자기실현의 욕구까지 다섯 단계의 계층적 욕구들이 있다. 행동의 동기를 이루는 이 5단계의 욕구에 대응하는 가상의 월드들이 있고 이 월드들은 이전의 게임에는 거의 볼 수 없었던 사용자 활동을 거느린다. 메타버스의 사용자 활동들은 〈리니지〉의 사냥과 전투 같이 단순하지 않고 인간의 전방위적인 욕구에서 복잡다단하게 파생된다.

사전적인 의미의 게임 개념에 들어가지 못하는 것도 많다. '로블록스 하이스쿨'에서 사용자는 그냥 고등학교에 다니며 수업을 받는다. 울긋불긋한 옷을 입고 보드를 타고 학교로 들어가는 정도의 귀여운 일탈이 전부다.

인간의 마음이 수수께끼를 감추고 있는 소우주임을 확인하게 되는 활동도 있다. 앞서 말한 '부러진 뼈'는 절벽에서 몸을 날려 자기 몸의 뼈를 많이 부러뜨리는 만큼 점수를 얻는다. '눈물나는 희생게

욕구	표현	가상 경험	사례	내용
생리적 욕구	Alive!	생기발랄하고 와 글거리는 세계의 경험	1. 파쿠르 2. 이벤트 있습니다! 3. 로블록스 워터파크 4. 펑키 프라이데이 5.액션 펀웨어	대도시 누비기 돌발적 재미 물놀이 춤/리듬게임 폴짝폴짝전핑맵
안전의 욕구	I'm OK.	가상으로 물리적 위험을 경험	6. 부러진 뼈 7. 백 패킹 8. 타워 오브 헬 9. 극한 레이싱 10. 탈옥수와 경찰	절벽에서 실족 캠핑하기 탑오르기 도심 질주 도둑잡기 놀이
사회적 욕구	Match Making	가상의 사회 경험 으로 다양한 만남	11. 빌더 브라더 피자 12. 로블록스하이스쿨 13. 얘들아 이리 와! 14. 눈물나는 희생게임 15. 트리란드	피자집 경영 학교 다니기 플래시 몹/축제 친구들 우르르 청과물 사업
자아존 중의 욕구	Being Smart	나의 자존감을 높 이고 인정받음	16. 집 꾸미기 17. 아바타 아웃피팅 18. 어드민 명령어 19. 낚시 시뮬레이터	건축/인테리어 옷입히기 특별 능력 부여 낚시와 명상
자기실 현의 욕구	Being Wise	타인에서 독립된 자기만의 과업	20. 게임 월드 제작 21. 스토리게임 제작 22. 가차 온라인 23. 보물선 만들기 24. 타이쿤 게임	스크립트 제작 게임스토리텔링 착한 아이들 세계 탈 것 제작 자기 분야의 최고

〈로블록스〉에 나타난 사용자 활동의 사례들

임'은 함께 플레이하는 친구 중에 이번엔 누가 좀비에게 희생되어 이 방을 지나가게 될 것인가를 희희낙락 지켜본다.

현실에서 학교를 다니고 가상세계에서 또 학교에 가는 사용자. 스스로 절벽에서 몸을 날려 뼈를 부러뜨리는 사용자. 친구들의 희생을 이용해 '쓰레기킹'이 되고자 하는 사용자. 이 모든 사용자들의 모습에는 현실에서는 실현할 수 없는 재미와 자기표현이 존재한다. 만약 여기에 〈리니지〉를 들이댄다면 어른의 아버지요 놀이의 대가인 〈로블록스〉 사용자는 어른들은 도대체 노는 게 뭔지를 모른다고 혀를 찰 것이다.

6

왜 메타버스는
인터넷의 미래인가

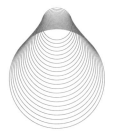

불신과 기대

2021년 5월의 점심 식사 시간. 유리 외벽의 고층 건물들이 반짝
반짝 빛나는 서울 강남 삼성동의 중견 인터넷 기업 S사. 먼지와 비
에 더럽혀져 후줄근한 건물 옥상에서 D 부장과 K 본부장, 두 중년
남자가 식후 커피를 마시고 있었다.

"메타버스, 거품이야. 거품. 사람들이 왜 그딴 걸 하겠어? 성가
시기만 하지 아무 재미도 없고 뜻도 없는데."

D 부장은 최근 〈디센트럴랜드Decentaland〉에 들어갔다가 기절할
뻔했다. 10미터 X 10미터의 가상부동산 1필지parcel38, 모니터로 보
면 어린애 코딱지만 한 땅뙈기가 1400만 원이었다. 끄죄죄한 변두

리 1필지도 318만 원이었다.

〈디센트럴랜드〉는 이더리움 블록체인 기반의 메타버스로 9만 개의 필지를 판매한다. 2018년 살까 말까 망설였는데 그사이 3배에서 10배까지 오른 것이다. 〈디센트럴랜드〉의 월마트에서 가상화폐로 상품을 사면 그 상품이 현실의 내 집으로 배달되는 서비스가 곧 시작되는데 그때는 가격이 더 오를 것이라고 한다. 월 접속자는 고작 2, 3만 명이라는데. D 부장은 메타버스라는 게 정말 어이가 없었다.

네이버, 카카오톡, 페이스북 같은 기존의 인터넷 서비스는 웹 '페이지'다. 즉 종이책 같은 2차원 평면에 글자와 사진과 영상을 올리고 사람들이 보고 싶을 때 클릭해서 보는 비동시적 상호작용을 해왔다. 그런데 메타버스에서는 사람들이 3차원 그래픽으로 된 가상공간에서 아바타를 조작해 돌아다니면서 다른 사람들의 아바타를 만나고 이야기하는, 실시간 상호작용을 한다는 것이다.

왜 그래야 하는데? D 부장은 입술이 삐죽 나온 부은 얼굴로 콧방귀를 뀌어주고 싶다.

지금도 마우스와 키보드를 이용해 아주 편안하게 2차원 공간을 스크롤한다. 데이터를 입력하고 콘텐츠를 읽거나 시청한다. 스마트폰으로 QR코드라는 격자무늬의 2차원 바코드를 스캔해서 정보를 얻고 결제를 한다. 미디어 플랫폼과 전자상거래, 온라인 커뮤니

---

38 메타버스의 공간 수치 데이터가 온라인게임의 모델링 방식과 동일함을 보여준다. 온라인게임에서 가상공간은 10m x 10m를 기본단위 1셀(cell)로 하며 100m X 100m의 100셀을 1구역(zone)으로 한다.

티와 블로그와 이메일과 기업 광고와 금융 등 거의 모든 서비스를 이용한다. 이렇게 2차원 웹으로도 다 할 수 있는 일을 왜 굳이 3차원으로 돌아다니며 해야 하는가?

D 부장은 우락부락하게 말을 이었다.

"컴퓨터 게임 안 좋아하는 애들 있어? 우리도 이럴 때 철권, 스트리트 파이터, 사족을 못 썼잖아. 그러나 그건 놀이고 장난이지 하나의 생활일 수는 없는 거야. 애들은 과잉행동성이 강해. 뭘 차분히 읽거나 보기보다 자꾸 나대려고 하지. 아바타를 만들어서 깔깔대고, 서로 친구 먹고, 선물 주고받고, 쫄래쫄래 따라다니면 당연히 즐겁지! 즐거워! 그러나 사람은 계속 어린애가 아니라고."

"요즘은 어른도 많이 해."

"그건 피터팬증후군이고. 도대체 구글, 네이버, 카카오, 페이스북이 뭐가 모자라는데? 우리 15년 전 세라(세컨드 라이프) 겪어봤잖아. 전생에 메타버스와 무슨 웬수졌어? 투자자들 거지 되고 담당 임원들 줄줄이 잘리는 거 봤으면서 왜 끝끝내 그걸 하겠다고 안달이냐고."

입사 동기 K 신사업 본부장은 씁쓸한 눈길로 D 부장을 건너다보았다.

"쩐내 나는 소리 좀 하지 마. 그렇게 자기중심적인 게 바로 꼰대라고. 네가 사무실에서 검색하는 데이터가 세상의 전부 같지? 네이버, 카카오, 페이스북으로 검색하는 건 주로 데이터 구조로 존재하는 정형 데이터야. 지능정보화가 되면서 비정형 데이터와 멀티모달이 많아졌단 말야. 세라가 대체 어느 석기시대 얘기야. 네가 그렇게 속이 꼬부라져서 자꾸 옛날 얘기나 하면 나까지 도매금으로 꼰대 되는 거야."

"옛날얘기 좋아하네. 아직 인터넷에 접속도 못하는 사람들이 세계 인구의 40퍼센트야. 인터넷 접속이 돼도 다 고해상도의 3차원 그래픽을 실시간 전송하지는 못해. 그런데 뭐? 수십 억의 사용자들이 더 몰입감 높은 가상공간에서 서로의 존재를 보고 느껴? 정말 왜 이러세요."

"2021년 구글 트렌드 분석에서 메타버스라는 검색어가 전 세계적으로 급증하고 있다는 거 아냐. 특히 중국과 한국에서는 정부도 산업 육성에 적극적이고. 메타버스를 다룬 기사만 6월에 1500건이 넘었어."

"미국의 검색 건수야 로블록스 하나 때문이고 중국과 한국은 공무원이 엿파는 나라니까 그렇지. 인공지능 데이터 만든다고 수십조 쏟아붓더니 그 데이터 어디 활용되냐? 그렇게 따지면 면피하려고 썩은 메타버스 다시 꺼내놓는 거야. 메타버스 해야 한다고 떠드는 공무원들 공통점이 뭔지 알아? 저희들은 메타버스에 아바타 만들어서 플레이해본 적도 없고 할 생각도 없다는 거야. 자가 아파트 있는 나는 안 살지만 멍꿀은 임대아파트 살아야지. 철밥통인 나는 안 하지만 멍꿀은 메타버스에서 쓰레기 알바 해야지. 이런 나쁜 새끼들이야."

"세상 세으른 놈 주둥이로 천당 간다더니. 너 로블록스 들어가봤어?"

"내가 지금 그딴 거 할 시간이 어딨어. 바빠 죽겠는데."

"지금이 어느 때라고 그런 넋 빠진 소릴 하는 거야. 초연결 지능화 사회야. 하이퍼 커넥티드라고. 너 바쁜 거 하나도 안 중요하니까 들어가 보란 말이야. 메타버스는 사람들에게 재미, 의미, 보상을 제공한다는데 재미는 게임도 주고 의미는 소셜 미디어도 줘. 메타버스민의 핵심 경험은 보상인데 진짜 보상을 주고 있어. 할인 혜택, 쿠폰, 프로모션 아이템, 그런 거지 같은 거 말고 현금을 줘. 옛날의 세라처럼 병아리 오줌만큼 주는 게 아니라 진짜 제대로 값을 쳐준다고."

사람들은 메타버스가 아니라 다른 사람들과 있고 싶다

메타버스는 인공지능, 빅데이터, 사물인터넷 등 다보스포럼이 강조하던 4차 산업혁명의 핵심기술이 아니다. 한국 정부가 공인한 중소기업 로드맵 4차 산업혁명 핵심기술에도 들어 있지 않다.[39] 메타버스는 코로나19로 인한 글로벌 팬데믹으로 원격화가 강제되면서 갑자기 떠오른 매체 현상이다. 그래서 사회 일각에는 메타버스에 대한 강한 불신이 존재한다.

이를 의식해서인지 현재의 메타버스 담론들은 강박적으로 기술혁신을 강조한다. 디지털 아이돌, 메타버스 은행 같은 기술유토피아주의의 찬가가 연일 보도된다.

39 '중소기업 기술 로드맵' (2021.7.) (중소기업기술정보진흥원)
http://smroadmap.smtech.go.kr/ 참조.

가상현실과 증강현실 헤드셋이 좋아져서 직장에서의 새로운 업무수행이 가능해졌고 입체시각화 도구들이 좋아져서 편리한 쇼핑이 가능해졌다고 한다. 메타버스가 영화 〈레디 플레이어 원〉(2018)처럼 무한한 3차원 시뮬레이션으로 만들어진 가상의 우주, 생활의 필수품, 산업의 미래가 될 것이라고 말한다.[40] 주식 시장은 이런 찬가를 통해 메타버스를 4차 산업혁명 담론의 하나로 편입시키고 싶다는 무의식을 드러낸다.

기술 혁신은 생산력의 발전을 추동하는 원동력이다. 그러나 기술에 대한 과장은 인간을 소외시키는 물신주의에 불과하다. 냉정하게 말해 메타버스에 새로운 고유 기술은 별로 없다. 메타버스는 하늘에서 떨어진 것이 아니라 이미 존재하고 있던 기술들이 새로운 패러다임에 의해 새로운 애플리케이션과 서비스로 재구성된 것이기 때문이다.

3차원 컴퓨터 그래픽 환경과 사용자 사이의 상호작용 패러다임은 이미 1990년대 온라인게임에서 확립되었다. 분산 서버 기술과 증강 현실 기술, 위치 추적 기술, 헤드마운트 디스플레이 기술도 오래전에 나왔다. 새롭다고 할 만한 딥 러닝 기반의 인공지능과 대체 불가 토큰 기술은 아직 메타버스에 보편적으로 적용되지 않았다.

우리는 이미 〈세컨드 라이프〉 버블의 기술물신주의를 겪었다.

2003년 5월 서비스를 개시한 〈세컨드 라이프〉는 2006년 말부터 언론의 각광을 받으며 갑자기 가입자가 폭증하기 시작했다. 〈세

---

40 Patrick Bocchicchio, 「Metaverse Explained」
(https://loupventures.com/the-metaverse-explained/)

컨드 라이프〉의 사용자 콘텐츠 창작 도구와 가상화폐 '린든달러'를 현금으로 바꿔주는 제도, 그리고 그리드 컴퓨팅 기술이 진정한 혁신이라 찬양되었다. 아무것도 할 일이 없는 휑한 월드가 '가상세계에서의 자유'라고 칭송되었다. 린든랩의 주가는 폭등했다.

이 벌거벗은 임금님 놀이는 1년 넘게 지속되다가 2008년 초에 끝났다. 사용자 1천만 명 대부분이 호기심 때문에 아바타를 만들었지만 잠깐 둘러보고 다시는 접속하지 않는 유령 회원이었다. 실제로 돈을 내고 가상부동산을 구매한 프리미엄 회원은 급격히 감소해 2008년에는 2퍼센트도 안되었다.[41] 〈세컨드 라이프〉의 과대평가와 그에 이은 버블 붕괴는 메타버스 산업의 빙하기를 가져왔다.

메타버스는 겉으로 드러나는 콘텐츠의 문화적 층위와 안에 감추어진 기술의 컴퓨터 층위라는 이중 구조를 갖는다. 이때 심층의 컴퓨터 층위는 표층의 문화적 층위에 강한 영향을 미친다.[42]

'가상 분산 컴퓨팅'이라 번역되는 〈세컨드 라이프〉의 그리드 컴퓨팅은 네트워크를 이용해 가장 가까운 이웃에 있는 다른 퍼스널 컴퓨터들의 여유 계산 능력을 활용하는 방법이었다. 그리드 컴퓨팅은 온라인게임의 클라이언트/서버 시스템[43]처럼 중앙집중식 통제를 하지 않고 정보를 분산시켰다. 그 결과 사용자들이 만들어내는

---

41 서성은, '메타버스 개발 동향 및 발전 전망 연구' 한국컴퓨터게임학회논문지 제12호 (2008년 3월) 19면.

42 Lev Manovich, The Language of New Media, Cambridge: The MIT Press, 2001. 46p.

콘텐츠를 이론적으로는 무한히 저장하고 처리할 수 있게 되었다.

그러나 이러한 그리드 컴퓨팅은 온라인게임의 클라이언트/서버 시스템처럼 통일된 스토리를 부여하고 업데이트하기가 어려웠다. 온라인게임의 경우 게임 회사는 구조적으로 잘 짜여진 스토리를 클라이언트 프로그램에 내장시켜 이를 사용자가 자신의 컴퓨터에 다운받게 한다. 사용자는 게임을 하면서 클라이언트 프로그램을 구동시켜 자기 캐릭터의 이동과 선택에 대한 상태 정보를 게임 회사의 서버 컴퓨터에 보낸다. 이런 클라이언트/서버 시스템은 개발자와 사용자가 함께 만들어가는 거대한 서사 세계의 토대가 된다.[44]

그리드 컴퓨팅을 채택한 〈세컨드 라이프〉의 사용자 스토리텔링은 결과적으로 사소화trivialization되었다. 〈세컨드 라이프〉의 사용자 스토리텔링은 다섯 가지 유형으로 정리되는데 ① 아이템제작 스토리 ② 가상세계여행 스토리, ③ 환전 및 상거래 스토리, ④ 사교계 스토리, ⑤ 유흥 스토리이다. 스토리는 너무 작고 시시하며 진부하고 범박한 것으로서 사용자가 가상세계에서 기대하는 특별하고 낯선 경험과 거리가 멀었다.[45]

---

43 클라이언트/서버(Client/server) 시스템이란 사용자가 컴퓨터에 클라이언트 프로그램을 다운받은 후 인터넷으로 게임회사의 서버에 접속해서 게임을 플레이하는 방식을 말한다. 이 때 대부분 정보는 사용자 컴퓨터의 클라이언트에 저장되며 새로 보유한 아이템, 새로 학습한 스킬, 새로 성취한 레벨, 새로 개척한 맵등의 상태 정보를 담은 유저 파일만이 서버로 전송된다. 이런 클라이언트/서버 시스템은 확장성(scalability)과 지연성(tardiness)의 약점을 가진다. 확장성이란 사용자 수가 증가할수록 처리해야 할 정보 규모가 확장되는 것을 뜻하며, 지연성이란 사용자 수가 증가할수록 게임의 응답 속도가 느려지는 것을 뜻한다.
44 류철균, 「한국 온라인게임 스토리의 창작 방법 연구」, 현대문학의 연구 Vol.28 No1. 한국문학연구학회(2006)
45 류철균, 안진경, 「가상세계의 디지털 스토리텔링 연구」, 게임산업저널, 2007년 1호. (통권 16호)

온라인게임들은 통상 1일 평균 접속자 10만 명, 동시접속자 1만 명에게 최소 100시간의 플레이를 보장한다는 기준으로 개발된다. 개발자들은 이 규모의 사용자가 100시간 동안 할 수 있는 일거리, 즉, 콘텐츠를 만들었다.

배경 스토리와 캐릭터 스토리를 설정하고 거기에 맞게 사용자들이 무엇을 해야 하는지를 알려주는 엔피씨들, 욕망의 중개자들을 곳곳에 세워두었다. 그런 뒤 도입부 퀘스트과 승급 규칙, 직업 선택, 직업 전환, 아이템 획득, 몬스터 사냥 등의 콘텐츠를 만들었다. 이런 식으로 게임을 개발하기 위해서는 최소 30명의 개발팀이 최소 2년 동안 작업해야 했다.

〈세컨드 라이프〉는 게임보다 더 넓은 메타버스에 이런 식으로 콘텐츠 개발비를 투자할 수 없다고 생각했다. 이 비용 문제에 대한 얄팍한 해결책이 텅 빈 공간과 도구를 주고 사용자가 알아서 콘텐츠를 만들게 한다는 생각이었다.[46]

우리는 많은 메타버스에서 〈세컨드 라이프〉와 똑같은 착각, 시행착오, 경영난, 서비스 중단을 목격한다. 게임이라서 성공했고 메타버스라서 실패했던 것이 아니다. 메타버스 개발자들이 사용자를 위해 친절하게 안내를 하겠다는 생각을 포기했기 때문에 실패했던 것이다.

메타버스는 뭔가가 삭제된, 게임형 가상세계의 결여 형태가 아

---

46 Cory Ondrejka, 'Escaping the Giled Cage: User-Created Contents and Building the Metaverse' Edit by Jack M. Balkin, Beth Simone Noveck, The State of Play (New York: New York Univ. Press, 2006) 162p.

니다. 메타버스에서 사용자들은 타인과 함께 공유공간에 거주해야 하고 행동을 취해야 하고 자기 행동의 결과를 확인해야 한다. 기술만으로는 이렇게 부담스러운 참여를 이끌어낼 수 없다. 기술은 기껏해야 사람과 사람 사이의 관계라는 진짜 현실을 따라갈 뿐이다.

메타버스만의 중요한 본질이 따로 있다. 그것은 단순한 현실세계의 모방이 아니라, 현실보다 더 재미있고 의미심장한 현실을 꿈꿀 수 있는 가능성을 열어주는 것이다. 가상공간에 스토리의 마법을 걸어 사람을 살게 하는 것이다.

메타버스는 스토리가 일어날 수 있는 곳이지만 그것이 스토리 자체는 아니다. 메타버스 개발자들이 사용자들에게 콘텐츠 생성 도구를 준 것은 좋았다. 그러나 아무것도 없는 공간에서 알아서 그 일을 하라고 한 것은 잘못이었다. 사용자들이 사회를 시뮬레이션하는 재미를 맛보도록 안내할 수 있는 장치, 욕망의 중개자가 필요했다. 톨킨과 같은 판타지적 세계가 아니라 스티븐슨과 같은 현대 대도시 배경의 현실적인 세계가 있어야 했다.

메타버스에서 기술이 얼마나 첨단적인가는 중요하지 않다. 메타버스의 진정한 가치는 사람과 사람 사이의 사회적 관계라는 본질에 있기 때문이다. 인류 사회의 목표는 협업에 의한 사회적 생산력의 발전이지 기술 자체의 발전이 아니다. 메타버스는 과정이 아니라 목표를 겨냥하고 있는 매체인 것이다. 메타버스에는 가상으로 구현되어야만 하는 현실적인 욕구가 있고 그 욕구는 기술이 아니라 사람과 사람 사이의 관계에서 태어난다. 사람들은 메타버스에 있고 싶은 것이 아니라 다른 사람들과 함께 있고 싶은 것이다.

메타버스는 대장주도, 테마주도, 기대주도 아니다. 메타버스는 인류의 모빌리티를 혁신함으로써 사람들의 협업을 돕고 정보혁명의 살아있는 일부가 되려는 진실한 노력이다. 이 초심을 잊는다면 오늘의 메타버스 열기는 기술물신주의가 되며 메타버스는 가장 허망한 흥행 사업이 될 것이다.

2021년 9월 현재 구글에서는 거의 매일 새로운 메타버스가 검색된다. 이제는 미국, 한국, 일본 등이 주도하던 과거에서 벗어나 아르헨티나의 〈디센트럴랜드〉, 베트남의 〈악시Axie〉, 영국의 〈솜니움 스페이스Somnium Space〉처럼 개발도 세계화되었다.

십년 주기 성공률 0.7 퍼센트라는 처절한 성적도, 15년의 차디찬 빙하기도 메타버스 개발의 의지를 꺾기에는 역부족이었다. 인류 사회의 어떤 필연성이 이 대담한 정열을 움직이고 있기 때문이다.

메타버스는 지능화 기술을 통해 신자유주의적 성장을 추구하는 4차 산업혁명과 다른 자리에 있다. 메타버스는 오히려 4차 산업혁명으로부터 상처받은 사람들, 기술물신주의 세계에서 고통받는 사람들을 위한 매체다. 메타버스가 제공하는 것은 기술을 통한 변화의 비전이 아니라 타인과의 연결을 통한 공감이기 때문이다.

메타버스는 4차 산업혁명 이후를 겨냥한다. 말하자면 그것은 아날로그 세계에서 일어난 1차(증기기관), 2차(전기) 산업혁명과 디지털 세계에서 일어난 3차(인터넷) 4차(인공지능) 산업혁명을 조화시키는 디지로그의 자리에 있는 것이다.

메타버스의 과제는 기술이 아니라 사람이다. 메타버스란 사람과 사람이 어떤 경험을 공유할 것인가의 문제다.

2차원 인터넷에서 3차원 인터넷으로

D 부장의 말처럼 3차원의 메타버스에서 하는 많은 일은 기존의 2차원 인터넷에서도 할 수 있다. 그러나 중요한 것은 3차원 공간에서 몸을 움직여 보여줘야만 하는 정보 전달 상황이 있다는 사실이다.

인간은 원래 3차원으로 되어 있는 현실을 책의 글자나 사진처럼 2차원으로 바꿔서 추상화시키는 방식으로 이해했다. 그러나 빅데이터, 초연결, 사물인터넷의 현실세계는 그런 추상화 방식만으로는 이해하기 어려운 수준으로 복잡해지고 있다.

정보가 복잡해지면 전화, 화상회의, 면대면 대화 등 목소리, 표정, 몸짓 등 각종 비언어적 정보와 다양한 단서를 전달할 수 있는, 더 감각적으로 풍부한 의사소통 수단이 필요하다. UCLA의 알버트 메라비언 교수는 '7과 38과 55'라는 메라비언의 법칙을 여러 가지 실험으로 입증했다. 사람들이 의사소통을 하는데 언어가 차지하는 비중은 7퍼센트에 불과하며 목소리가 38퍼센트, 몸짓과 표정과 자세의 비언어적인 수단이 55퍼센트라는 것이다.[47]

경상도 남자들은 무뚝뚝해서 아내와 하루종일 같이 있어도 세 단어만 말한다는 우스갯소리가 있다. '밥 도.' '아아는?' '자자.' 이것은 의사소통 상황에서 언어적 수단이 이 정도로 적을 수도 있다

---

47 Drake Baer, '17 Tactics For Reading People's Body Language'
https://www.businessinsider.com/how-to-read-body-language-2014-11?op=1
&fbclid=IwAR3JoKTnmtpZgBGZ4fiuKMpHEOCBMm3gwgl_PF851sJCxAkUedF
8K6WRbu4#ixzz3J9d8HtaO

는 반증이 된다.

이상적인 의사소통은 3차원의 풍부한 매체 수단을 모두 동원하는 것이다. 원격 회의와 원격 교육, 정치 토론처럼 서로가 공식적인 관계일 때는 더더욱 풍부한 매체 수단을 통해서만 정보가 원활히게 전달된다.

지능정보사회는 정형화된 일자리가 점점 인공지능으로 대체되고 수치 정보와 같은 정형 데이터보다 이미지, 영상, 음성 같은 비정형 데이터가 많아지는 사회이다. 이런 사회에서 우리는 빨리 세계를 관찰해서 가설을 세우고 결정을 내린 뒤 행동해야 한다. 그리고 그 행동의 결과에 의해 변한 세계를 다시 관찰하고 지향하고 결정해야 한다.

1960년대 미국의 전설적인 전투기 조종사이자 전술 교관이었던 존 보이드는 세계에 대한 관찰, 지향, 결정, 행동이 빠르게 반복되어야 한다는 의사결정의 민첩성을 강조했다. '오오다OODA 루프'라고 불리는 그의 모델은 아래와 같다.

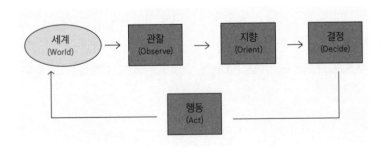

관찰-지향-결정-행동의 OODA 루프

급변하는 상황에서 인간의 인지적 목표는 세계를 빠르게 관찰하여 가설을 지향하고 이 가설을 행동에 의해 시험하며 그 결과 변하는 세계를 다시 관찰하고 지향하는 시스템을 최적화하는 것이다.[48]

3차원 시공간을 제공하는 메타버스는 더 높은 매체 풍요성을 가지고 더 많은 시지각 정보를 전달하며 더 향상된 사용자의 주의집중 시간을 보장한다.[49] 이렇게 볼 때 지능정보사회가 발전할수록 우리가 지금 2차원 인터넷을 통해 관계하고 있는 정보의 많은 부분이 3차원 인터넷으로 이동하게 될 것이다.

이것은 우리의 웹 페이지가 모두 3차원으로 변하거나, 우리가 3차원 공간에서 대부분의 콘텐츠를 읽게 된다는 것을 의미하지는 않는다. 정보가 2차원 평면으로 전달되어야 하는가 3차원 가상으로 전달되어야 하는가의 선택은 각각의 상황과 행위의 목표에 따라 변할 것이다. 2차원 평면이 중심인 현재의 인터넷과 3차원 가상이 중심인 메타버스의 차이점을 정리하면 122쪽과 같다.

메타버스는 아바타가 3차원 공간을 돌아다니는 인터넷이다. 3차원 공간과 공간 속의 객체들은 현실과 유사하여 자연스러우며 쉽게 이해되고 많은 정보 양식이 통합되어 존재한다. 3차원 공간의 구현은 2차원 웹보다 더 높은 기술적 역량을 요구한다.

그러나 시니어를 포함한 성인 계층 사용자들은 3차원 공간에서

48 David John Bryant, 'Rethinking OODA: Toward a Modern Cognitive Framework of Command Decision Making' Military Psychology 18(3):183-206 (2006)

49 이승환, 한상열, '비대면 시대의 게임 체인저 XR' 이슈 리포트 (2020.6.5.) 소프트웨어정책연구소. 13면.

	2차원 웹(현재의 인터넷)	3차원 웹(메타버스)
컴퓨터	모델 컴퓨팅 불필요. 접근성 높음. 데이터 검색이 주류	중력, 물체 변형, 음영, 질감, 은폐면 소거 등 복잡한 물리 시뮬레이션 계산이 필요.
자율성	웹페이지 거의 변화없음. 업데이트는 추가적인 정보 입력 때만 일어남.	사용자 접속과 상관없이 가상세계가 지속적으로 변화. 서버가 자율적으로 클라이언트를 업데이트 함.
실시간	사용자간 실시간 상호작용 비교적 적음	실시간으로 다른 사용자들의 행동을 보거나 영향을 받음.
임장성	사용자의 활동 정보가 데이터 형태로 치환되며 동시적, 실재적으로 나타나지 못함. 다른 사용자의 존재를 모름.	멀리 떨어져 있는 원격의 현장에(tele-) 자신의 아바타를 가져다 놓음으로써 사용자들의 활동 정보가 실시간으로 나남.
표현성	사용자 아이디 정도의 수준에서 표현 가능. 사용자들의 개성과 취향은 시각적으로 표현할 수 없음.	사용자가 아바타를 통해 자신의 정체성을 투사함. 공간 이동과 자원 개조를 통해 자기 정체성의 표현을 극대화함.
수용성	현실의 활동들을 2차원의 언어로 재가공한 것. 언어 장벽이 있으며 새로운 학습 필요	도구와 공간 모두 현실세계와 유사하여 현실세계의 방식으로 활동 가능하여 수용성이 높음. 하이퍼링크는 공간 이동으로 나타남.

현재의 인터넷과 메타버스의 차이점

아바타를 조작하는 일이 낯설고 부담스러울 수 있다. 게다가 3차원 객체의 의미는 2차원의 글자만큼 의미가 명료하지 않다.

정리하자면 3차원 인터넷은 사용자가 멀리 떨어져 있음에도 현장에 같이 있는 것처럼 느끼는 임장성Telepresence, 옷과 용모, 헤어스타일, 직업, 스킬 등을 바꾸면서 사용자의 풍부한 취향과 개성을 드러낼 수 있는 표현성Expressivity, 현실의 현금지급기와 똑같이 생긴 현금지급기에서 현실의 방식으로 돈을 입금하고 찾는, 뭘 해야 할지를 직관적으로 알기 쉽다는 수용성Affordance에서 2차원 웹보다 우월하다.[50]

반면 2차원 인터넷은 아바타의 조작법을 배울 필요 없이 클릭만으로 원하는 페이지로 이동할 수 있다는 편의성Usability, 저사양의 컴퓨팅 기기로도 누구나 쉽게 이용할 수 있다는 접근성Accessibility, HTML이라는 표준화된 2차원 웹 언어가 있어서 웹페이지들이 훨씬 더 쉽게 연결된다는 호환성Interoperability에서 3차원 웹보다 우월하다.

이처럼 3차원 시뮬레이션 기술 자체는 어떤 우월성도 보장하지 않는다. 그것은 경우에 따라 2차원 웹보다 사용자의 편익을 더 증대시킬 수 있고 반대로 더 감소시킬 수도 있다.

〈로블록스〉가 메타버스의 대표적인 서비스가 된 것은 3차원 시

---

50   이승환은 2차원 인터넷에 대한 메타버스의 우월성을 연결이동성, 편의성, 상호작용성, 공간확장성이라고 정의했다. 여기서 편의성은 'Convenience' 개념으로 과거 고정되었던 AR 기기 등이 '휴대'를 거쳐 '착용'으로 발전한다는 뜻이다.
이승환, '로그인 메타버스: 인간 X 공간 X 시간의 혁명' 이슈 리포트 115호(2021.3.17.) 소프트웨어정책연구소. 6면.

뮬레이션이라서가 아니다. 순수한 3차원 가상표현에서는 사용자가 하나의 작업을 완료하기 위해 많은 동작을 해야 한다. 예를 들어 〈리니지 2〉에서 사용자가 전우들과 합류하기 위해서는 전장을 뚫고 먼 길을 달려야 한다.

그러나 〈로블록스〉는 채팅창에 뜨는 사용자의 아이디를 클릭하고 이동하는 등 다양한 순간이동(텔레포트) 방식을 제공한다. 이런 방식의 순간이동은 2차원 웹의 하이퍼 링크에 가깝다. 〈로블록스〉는 3차원, 2차원, 2.5차원의 특성들을 '사용자에게 더 유용한 것 More Usable For User'이라는 원칙에 따라 모두 제공하고 있는 것이다.

그럼에도 불구하고 오오다 루프가 말하는 의사결정의 민첩성을 위해 3차원 시뮬레이션 환경의 인터넷이 확대될 것은 분명하다. 3차원 공간성이 중요한 비언어적 신호가 되는 상황들이 인터넷으로 수용되는 것이다.

예컨대 갑자기 외손자를 돌봐야 하는 외할머니가 있다. 오랫동안 직장여성이었던 외할머니는 아이가 우는데 이유를 잘 모르겠다. 애를 다리부터 씻기나 머리부터 씻기나, 그것조차 기억나지 않는다. 구글과 유튜브를 검색해도 원하는 정보를 찾기 어렵다.

또 샤인 머스캣이라는 청포도 농사를 새로 시작한 가장이 있다. 하우스에 묘목을 심고 상토흙이랑 뿌리발근제를 넣으려고 하는데 둘을 어떤 식으로 섞어 어떻게 넣어야 하는지 모르겠다. 농민사관학교, 농업기술원, 농업방송 등을 뒤져봐도 찾아도 자신이 원하는 정보가 나오지 않는다.

잘 찾아보면 이러한 정보들은 2차원 인터넷에서도 찾을 수 있을 것이다. 그러나 불편하다. 2021년 현재 구글을 검색하는 사람은 자신이 원하는 정보를 정확하게 찾기 위해 평균 8번의 검색어를 넣는다.[51]

이렇게 정보가 빨리 찾아지지 않는 문제는 대부분 문제를 3차원 공간에 놓고 해결책을 보여주면 된다. 가상공간의 욕실에 전문직 보모의 아바타가 들어와 시범을 보이거나 증강현실 이미지로 농업 방송 강사님이 묘목을 심으며 흙과 발근제를 섞는 영상을 보여주는 것이다.

이를 상황의 문맥을 인식시킨다고 하는데 메타버스는 이러한 문맥 인식을 지원하는 유력한 수단이다. 특히 메타버스의 3차원 시뮬레이션 공간은 많은 정보가 압축된 비정형 데이터를 학습함에 있어 탁월하고 독보적이다.

오늘날 경험이 많은 IT 기업이 메타버스를 불신하고 3차원 인터넷의 미래를 불신하는 것은 당연하다. 그것은 그들이 과거의 빙하기를 이기고 살아남은 승리자들이기 때문이다.

성공한 개인이나 조직은 자신을 성공하게 한 그 전략과 시스템을 계속 유지하려고 함으로써 환경 변화에 대한 적응에 실패하고 멸망하게 된다. 승리와 패배는 별개의 서로 다른 것이 아니다. 승리가 패배의 원인이 되며 패배가 다음 승리의 원인이 되는 것이다.

많은 불신에도 불구하고 현실은 메타버스가 미래의 인터넷이 될 수밖에 없는 방향으로 움직이고 있다. 그것은 우리가 징보가 양적

---

51 https://korea.googleblog.com/2021/05/MUM-a-new-milestone.html?m=1

으로 급증할 뿐만 아니라 계속 공간 정보화되고 다중 모드화 되는 지능정보사회를 살아야 하기 때문이다.

궁극적으로 메타버스는 구글 같은 데이터 검색 위주의 2차원 웹 포털을 대체할 '3차원 웹 포털'로 진화할 것이다. 이 3차원 웹 포털은 3차원의 공간에 아바타를 통해 문제가 되는 상황을 재현함으로써 다양한 모드의 콘텐츠를 모으고 분배한다. 수합과 분배의 이 콘텐츠 통합자는 가상과 현실의 경계를 허물고 현실에서 가상으로 접속하고 가상에서 현실로 접속하는 '유비쿼터스 플랫폼'이 될 것이다.

7

왜 기획하면 죽고
거주하면 사는가

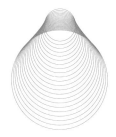

어느 '빡겜러'의 이야기

31세의 남자 '아놔안해'는 〈헬게이트 런던HELLGATE London〉이란 게임을 하다 알게 된 동생이다. 현모에서 만났고 몇 번 개인적으로 삼겹살과 소주를 사주었다. 8년 정도 만나지 못했는데 최근 같이 게임하던 '날아라피카츄'에게서 그의 소식을 들었다. 형들의 걱정을 전하고 싶어 그의 이야기를 인용한다.

안해는 사회교육과를 졸업하고 임용시험을 준비하고 있는데 최근 집안 형편이 좀 나아져 대학 시절의 학자금 대출을 다 갚았다. 부채 문제로 마음이 무거웠던 안해는 나와 게임을 하던 시절 '빛과

송금 '내오날도 빚가프리오'처럼 자조적인 아이디의 부캐를 키우기도 했다. 대출 상환을 끝낸 안해는 아주 어깨가 축 처질 만큼 마음을 놓은 것 같다.

이제 아르바이트 그만하고 시험 준비만 하면 된다. 지긋지긋한 돈 걱정을 머릿속에서 지워버리고 좀 쉬자.

바쁘게 달려온 마라톤 주자가 결승점에서 맥이 탁 풀리는 것처럼 그는 안심을 했을 것이다. 한 1, 2주 동안은 아무것도 하지 않아도 좋겠다는 마음이 생겼을 것이다. 동시에 아무것도 할 생각이 없어지고 만 것인지도 모른다. 그는 카카오게임즈가 서비스하는 게임 〈오딘〉을 시작했다가 옛날 친했던 날아라피카츄를 만났다.

제 고등학교 동기 중에 연수입 4억의 웹소설 작가가 있어요. 수입은 정확하게 모르지만 웹툰 작가로 유명해진 친구도 있고요. 누구는 〈로블록스〉를 해서 대학 등록금을 해결하고 부모님의 주택 담보 대출까지 다 갚아줬다고 하대요.

저는 해야 할 게임은 안 하고 되지도 않을 공부만 하다가 요 모양 요 꼴이 되고 만 거예요. 초등학교 6학년 때 집에서 난리치지만 않았으면, 조금만 밀어줬으면 나도 …… 그는 이런 멀컹한 소리로 피카츄를 웃겨주었다고 한다.

아무튼 그는 잠시 쉬어 가자, 힐링 라이프가 필요하다는 생각으로 〈오딘〉에 왔다. 〈오딘〉을 선택한 이유는 돈이 들지 않는다고 들었기 때문이다. 2021년 6월 출시된 〈오딘〉은 저렴하고 관대한 과금 제도로 인기를 모아 매출 1위가 되어 있었다.

한국에서는 유튜브에서 게임 이름을 치면 'ㅇㅇㅇ 대출' 'ㅇㅇㅇ

파산', '○○○ 개인회생', '○○○ 하다 인생망함'이 연관검색어로 나온다. 소위 '뽑기'라고 하는 확률형 아이템과 '또뽑기'라고 하는 컴플리트 가챠(합성 뽑기)로 희귀 아이템을 얻을 수 있는 사행성 과금 구조 때문이다. 게임은 사용자들이 정말 갈급한 경험구간에서 교묘하게 과금을 유도하고 여기에 걸려든 사용자들은 이런 확률형 아이템들을 계속 구매한다. 그러다가 많은 사용자가 퇴직금과 사업자금과 전세보증금을 게임에 쏟아붓고 신용불량자가 된다.

〈오딘〉은 그런 게임들과는 대조되는 이른바 '혜자 게임'(은혜로운 게임)이라고 했다. 북유럽 신화를 바탕으로 한 아름다운 자연이 언리얼 엔진으로 구현되어 그 속을 아바타로 걷기만 해도 스트레스가 사라진다는 소문이었다. 안해는 돈 걱정 없이 친구들과 사냥하고 채집하고 아이템도 제작하고 재미로 장사도 좀 하면서 쉬자고 생각했다.

게임을 시작한 초반에는 정말 은혜로웠다. '로스크바의 정착 패키지'를 비롯해 초보자를 대상으로 파는 아이템을 30만 원 정도 샀는데 그것만으로도 50레벨까지 문제없이 성장했다. 잠시이지만 서버의 전투력 순위 100위 안에 들어 아바타에서 멋진 오오라가 뿜어져 나오고 게시판에 이름이 올라가는 '랭커Ranker'가 되기도 했다. 확률형 아이템으로 악명높은 다른 게임들에서는 최소 1억 원은 써야 한다는 랭커가 얼떨결에 되어버린 것이다.

그러나 한 달이 지나고 60레벨이 넘자 상황은 달라졌다.

천만 원을 썼다, 2천만 원을 썼다, 1억을 썼다는 랭커들의 소문이 매일 들려왔고 안해의 순위는 하루가 다르게 밑으로 밑으로

곤두박질쳤다. 주위를 둘러보니 함께 〈오딘〉을 시작한 '티끌모아 거지'(가명)와 '이쁜한세상'(가명)은 어느새 뽑기 확률 0.01 퍼센트의 전설 아바타를 뽑고, 전설 탈것을 타고 있었다. 안해는 아연해졌다.

〈오딘〉의 개시샵에서는 8000 다이아(〈오딘〉의 게임 내 화폐)를 109000원에 판다. 그리고 11장의 아바타 뽑기 카드를 2100 다이아에 판다. 아바타 카드 1장이 현금 2588원인 것이다. 확률대로 계산하면 둘은 아바타에 2588만 원, 탈것에 2588만 원, 5176만 원을 썼다는 이야기다.

아바타와 탈것은 가장 기본적인 아이템이다. 이 등급에 어울리는 무기, 투구, 갑옷, 장갑, 신발, 목걸이, 귀걸이, 반지, 호각, 문장, 완장을 장만해야 한다. 거기에 또 강화가 실패할 경우 장비가 파괴될 위험을 감수하고 강화를 하면 아바타와 탈것만큼의 돈이 든다. 이것도 끝이 아니다. 전설 등급 위에 신화 등급이 있고 신화 등급 위에 유일 등급이 있기 때문이다.

컨트롤과 실력으로 겨뤄야 게임이지. 돈과 운으로 겨루면 그게 게임이냐? 도박이지! 게임을 할 줄도 모르는 자식들. 쌉시골 서버(부유한 사용자가 많은 도시 서버의 반대 개념)에서 무슨 돈지랄이야. 앞으로 1년, 2년 동안 얼마나 쓰려고? 진짜 '빡겜러'(극강의 과몰입을 하는 하드코어 게임 유저)가 어떤 건지 내가 보여주지.

안해는 구글 게스트 계정을 만들어 3개의 계정을 오딘에 더 등록했다.

같은 인터넷 아이피가 뜨는 같은 장소에서 본캐 1개, 부캐 3개가 돌아가면 게임 매니저들은 조직적으로 파밍을 하는 '작업장'이라고 판단하고 계정 정지를 내린다. 안해는 동네의 피씨방에 자리 하나를 대여해 그 컴퓨터에서 2개의 클라이언트를 돌리고 집의 컴퓨터에서 1개, 스마트폰으로 1개, 이렇게 4개의 클라이언트를 돌렸다.

안해는 팀뷰어를 설치해서 하나의 기기로 4개를 조작하면서 자신의 노동력을 체계적으로 투자했다. 부계정 3개의 캐릭터를 50레벨 후반까지 육성했다. 그리고 그들을 노력 대비 수익률이 좋은 사냥터에 보내 '자동사냥' 모드로 하루 종일 사냥하게 했다. 본캐는 다이아를 쓰면서 계속 레벨을 높이고 새로운 맵을 개척했다.

집과 피씨방을 오가며 4개 계정 20개의 캐릭터를 돌보고 30분이나 1시간에 한 번씩 체력회복 물약을 채워주었다. 캐릭터가 자동사냥으로 얻은 아이템들을 꾸준히 거래소에 올려 팔았다. 오딘의 4개 대륙을 뛰어다니며 나무, 아마풀, 광석, 위그드람, 마력이 깃든 정수 등 모든 것을 채집해서 팔았다. 캐릭터의 정비 시간을 알려주는 '알람 시간표'를 만들어 4개 계정의 캐릭터들이 24시간 1분도 쉬지 않고 움직이게 했다.

게임을 잘 모르는 하수들은 '희귀 스킬북 마력 단련' 같은, 1만 다이아씩 하는 희귀 아이템 하나를 노린다. 몬스터를 잡으면 그 아이템이 떨어진다는 장소에서 바글바글한 사람들과 경쟁하며 24시간, 48시간 동안 직접 사냥을 하거나 자동사냥을 돌려놓는다. 그러다가 끝내 그 아이템이 나오지 않으면 버럭버럭 화를 내고 에라이 거지 같은 망겜, 이딴 걸 겜이라고 만들었나, 다시는 안 한다며 혼자 가버린다.

안해 같은 고수들은 '장인의 투구'나 '광신도의 갑옷'처럼 12 다이아, 15 다이아씩 하지만 아이템 수집 컬렉션에 들어가 있어서, 올리기만 하면 바로 팔리는 일반 아이템을 노린다. 〈오딘〉은 1개 계정에서 30개씩의 아이템을 거래소에 등록해서 팔 수 있는데, 그는 4개의 계정에서 아이템을 올리기 때문에 120개의 아이템을 등록한다. 다른 상인들보다 4배 더 넓은 매장을 쓰는 셈이다. 안해가 등록한 아이템은 하루 250개, 300개씩 쉬지 않고 팔린다. 안해는 그렇게 벌어들인 다이아를 본캐의 능력치를 올리는 데 투자했다.

안해의 본캐 캐릭터는 드디어 레벨 순위 13위, 전투력 순위 52위가 되었다. 다시 명실상부한 랭커로 복귀한 것이다. 그러나 안해는 새벽에 피씨방을 나오다가 현깃증과 함께 코피를 흘리며 계단에 쓰러졌다. 그리고 잠시 의식을 잃었다.

안해는 요즘 거의 잠을 자지 못한다. 시험 준비를 해야 한다는 생각이 들지만 이내 눈처럼 녹아버린다. 머릿속에 시시각각 변하는 희귀 아이템의 거래소 가격, 고가 아이템이 출현하는 장소의 정보, 시도 때도 없이 찾아와서 캐릭터를 죽이고 가는 못된 놈들에 대한 걱정이 가득하기 때문이다. 그의 〈오딘〉 생활은 스스로의 건강을 황폐하게 만드는 위험천만한 속도로 끝없이 진행되고 있다.

상호작용 서사의 다섯 가지 패턴

안해의 이야기는 메타버스의 전형적인 특징, 즉 복잡계 안에서 일어나는 창발성Emergence을 보여준다. 창발이란 초기 조건에서는 예측할 수 없었던 일이 나타난다는 뜻이다.

안해는 본래 〈헬게이트 런던〉처럼 공포 장르의 총싸움 게임을 좋아했다. 그는 대출 상환을 자축하는 의미로 잠깐 쉬는 시간을 가지고 싶었다. 그래서 평소에는 거들떠보지 않던 북유럽 판타지의 평화로운 메타버스를 찾아 〈오딘〉에 온 것이다.

그의 사용자 스토리텔링은 초기에는 예측할 수 없었던 방식으로 전개되었다. 두 대의 컴퓨터와 한 대의 스마트폰으로 4개의 계정, 20개의 캐릭터를 플레이한다는 것은 그가 휴식과는 거리가 먼 파워 게이머가 되었다는 증거다. 효율성의 추구, 높은 목표 설정, 숨겨진 게임 시스템의 이해, 기술적 숙달의 추구는 파워 게이머의 네 가지 특성이다. 복수의 캐릭터를 동시에 플레이하는 것은 이 모든 특성을 수용하는 행위이다.

안해의 이야기는 전혀 낯설지 않다. 메타버스에서는 이 정도의 창발적 서사는 자주 일어나는 정도가 아니라 항상 일어나기 때문이다.

온라인게임에서 캐릭터의 능력치를 극한까지 끌어올려서 최고 랭킹에 오른 사용자의 아이디가 '연습용캐릭' '닉네임읍따' '홍홍홍 홍홍' '아이시퐁' '걍만들어본건디'인 것을 자주 본다. 이 사용자들은 다들 처음에는 잠깐 둘러보고 나갈 생각으로 들어왔던 것이다.

사용자 서사의 플롯은 거의 항상 예측되지 않는 방향으로 전개될 것으로 예측된다. 이것을 메타버스 환경에서 발생하는 서사의 역설이라고 한다.[52]

우리는 똑같은 현상을 단위unit와 체계system이라는 두 가지 관점에서 설명할 수 있다. 단위는 부분이고 체계는 전체를 뜻한다. 우리는 보통 체계의 질서를 밝힌 뒤 그것을 바탕으로 단위를 설명한다. 그러나 이런 방법으로 설명이 어려운 것이 있다.

바로 각각의 단위들이 압축적, 개별적, 단속적, 역동적, 자생적, 우발적, 순간적으로 작동하는 '복잡계'이다. 복잡계는 이러한 단위들의 비선형적 상호작용으로 체계가 만들어지기 때문에 계속 변이되면서 엄청난 다양성을 산출한다.[53]

메타버스는 복잡계다. 수백만 명, 수천만 명의 사용자들이 다양한 종류의 캐릭터로 가상공간에 들어와 마을을 돌아다니며 다른 사용자들과 이야기를 나누고 풍경을 살피며 관광을 하고 퀘스트를 받고 이동할 곳과 실행할 일에 대해 열심히 갑론을박을 한다.

메타버스에 접속하면 사용자는 자기보다 먼저 접속한 수많은 사람의 활동 속에 놓인 자신을 발견하게 된다. 사람들은 폴짝폴짝 뛰며 날치며 쉴 새 없이 움직인다. 친구들의 활동과 메시지와 알림과 인사들이 어지럽게 표시된다. 저 많은 사람이 앞으로 어떤 활동을

---

52 Kim You-jin, Park Hyoung-eun, You Chul-gun, A Study on Virtual Reality Storytelling by Story Authoring Tool Algorithm ADADA(2016)
(https://kc.umn.ac.id/3853/1/ADADA_2016_paper_1B-4.pdf)

53 Ian Bogost, Unit Operations: An Approach to Videogame Criticism, Cambridge, Mass: The MIT press, 2006.

할지 한 치 앞의 상황을 아무도 모른다. 전체의 질서와 구조를 발견하기 어려운 것이다.

이러한 복잡계의 구조에 대해 최소한의 이해를 제공하는 것이 상호작용 서사 유형론이다. 사용자 스토리텔링의 관점으로 설명하면 메타버스 경험은 사용자가 메타버스라는 커다란 이야기의 세계관을 훼손하지 않으면서 그 안에서 자기만의 작은 이야기를 만들어가는 과정이다. 이 과정을 흔히 인터랙티브 스토리텔링, 상호작용 서사라고 부른다.

영화나 소설처럼 한 사람의 작가에 의해 창작되어 시작, 중간, 끝의 일방향으로 전개되는 이야기를 선형적 서사라고 한다. 그에 반해 메타버스의 서사는 매체와 사용자가 상호작용하고, 사용자와 사용자가 상호작용하는 비선형적, 상호작용적 서사이다. 상호작용 서사의 경험 모델은 5가지 유형으로 분류할 수 있다. 136쪽은 마리 로르 라이언의 모델을 메타버스에 맞게 고친 상호작용 서사 유형이다.[54]

다이어그램에서 ●는 이야기 세계를 이루는 사건이며 ─은 시간

---

54 Anne Marleen 'Spatial Narrative : Designing Liveable Adventures in the Virtual World.' (2019.10.25.)
(https://medium.com/@annemarleen/spatial-narrative-288d1558df86)
마리 로르 라이언의 원전 출처는
Marie Laure Ryan, Avatars of Story (Minneapolis:University of Minneapolis Press,2006.) pp. 103-104
앤 마린에 앞서 박미리, 정은혜는 가상세계 서사를 클라우드 소싱과 마리 로르 라이언의 상호작용 서사 구조에 적용하여 분석했다. (박미리 정은혜, 〈크라우드소싱을 활용한 콘텐츠 모델 분석〉 2014.10.29. 미간행 논문)

경험 모델	사례	다이어그램	설명
1. 네트 구조 (Network)	동물의 숲	 시작	시간 순서를 벗어나 지인의 네트워크를 통해 각 노드 사이의 이동이 가능하며 전후 모순된 사건 경험이 존재한다.
2. 가지 구조 (Side- branchs)	월드 오브 워크래프트		개발자가 만든 세계의 운명을 담은 거대 서사가 있고 매 에피소드마다 사용자가 생성한 외부요소가 합류한다.
3. 말미잘 구조 (Sea- anemone)	로블록스, 제페토		메인에서 서브로 사용자가 이동하고 정보가 흘러가며 각 지점에서만 메인으로 회귀가 가능하다.
4. 경로전환 구조 (track- switching)	포트나이트		광장에서 게임으로, 게임에서 다른 게임으로 여러 스토리라인의 경로가 전환되는 식으로 상호작용한다.
5. 미로 구조 (Maze)	궁극의 메타버스	 끝 끝 끝 시작 끝	여러 엔딩을 가진 공간적 서사로서 사용자는 각기 다른 장소에서 각각 다른 도전에 직면하며 방황을 통해 세계의 역학을 알게 된다.

메타버스 상호작용 서사의 5가지 유형

의 흐름을 나타낸다. 선형적 서사에서는 사건이 시간적인 순서로 일어나지만 비선형적 서사에서는 일어날 가능성이 있는 사건들이 공간에 모두 재현된다. 사용자가 공간을 가로지르면 시간이 흐르고 사건이 진행된다.

1의 네트 구조는 서사가 경로의 막힘이 없이 자유롭게 진행된다는 장점이 있지만 일관된 플롯이 발생하지 못한다는 것이 약점이다. 사용자의 선택은 스토리로 결집되지 못하고 그저 지인을 찾아가 이야기하는 수준의 상호작용이 된다.

2의 가지 구조는 세계의 운명이 움직이는 큰 스토리가 흘러가면서 사용자의 작은 스토리들이 거기에 합류한다. 세계의 거대 서사와 사용자의 작은 서사 사이에 별다른 관련이 없거나 부조화가 일어나는 것이 약점이다.

3의 말미잘 구조는 사건이 메인에서 서브로 흘러가고 각 서브에서 메인으로 되돌아오지만, 서브들 사이의 상호작용은 없는 패턴이다. 서브들이 계속 증식하면서 공간은 통제할 수 없을 정도로 복잡해지는데 긴장과 재미는 점점 약해진다.

4의 경로 전환 구조는 스토리 라인에 위치한 매 사건의 의사결정 지점에서 다른 스토리 라인과 링크되지만 시간적으로 뒤로 돌아갈 수는 없는 패턴이다. 여러 세계의 라인이 계속 교차되면서 캐릭터와 공간과 사건의 이상적인 조합인 세계관이 흔들리고 몰입이 어려워진다.

5의 미로 구조에서 사용자는 여러 개의 엔딩을 가진 미로를 헤맨다. 어떤 엔딩은 완전히 종결되기도 하지만 어떤 엔딩은 끝나지 않고 다른 공간의 서사로 이어진다. 여정은 가상세계 내에서의 모험이 되며 사용자는 각각의 장소에서 각기 다른 도전에 직면한다.

궁극의 메타버스는 가상의 경험 공간이 가진 규모성과 확장성 때문에 5번의 미로 시공간이 된다. 어쩌면 5번의 미로 시공간이야 말로 현실의 인생과 가장 유사한 것인지도 모른다. 문제는 이 미로 시공간을 어떻게 즐겁고 의미 있는 관계와 경험을 창조하도록 구조화시킬 것인가 하는 것이다.

재미-의미-보상의 프레임워크

개발자들은 메타버스에 얼마든지 다양한 기획을 넣을 수 있다. 사용자를 환대해주는 인공지능 챗봇을 배치할 수 있고 건물, 상품, 화폐, 부동산 등 다양한 형태의 가상자산에 대체불가 토큰을 적용할 수도 있다. 사용자로 하여금 아이템의 취득, 부동산의 소유권, 쉼터의 사용권, 통행권 등을 둘러싸고 다른 사용자들과 갈등을 겪게 함으로써 사용자 간의 전쟁이 발발하게 만들 수도 있다.

그러나 잊지 말아야 할 것은 사용자는 절대로 개발자들의 기획처럼 움직이지 않는다는 사실이다. 사용자들은 기본적으로 각자의 길을 간다. 그들은 메타버스에서 활동하기 위해 굳이 누군가를 기다리기를 원하지 않는다.

사용자들은 각자 그 자신의 스토리에서 주인공이다. 그리고 자신의 문제를 자신의 방법으로 풀려고 노력한다. 온라인게임은 개발자가 창작한 시나리오와 규칙이 있으니 사용자의 행동을 제어할 수 있을 것이라는 예측은 완전히 잘못된 것이다. 개발자들은 다만 정교하게 설계한 미로 구조와 배경 스토리를 이용해서 사용자들을 몇몇 장소에 모이게 할 수 있을 뿐이다.

사용자는 그때그때 상황의 문맥에 따라 재미를 느끼기도 하고 지루함을 느끼고 나가기도 한다. 또 다른 사용자들이 많이 하는 행동을 모방하기도 하고 함께 움직이면서 자신의 능력을 증명하려고 하기도 한다. 사용자들이 어떻게 협력하고 갈등하며 무슨 문제가 발생할지는 아무도 예측할 수 없다.

메타버스는 비즈니스 언유주얼Biz Unusual이다. 그때그때 기민한 리더십으로 예측하지 못한 문제에 대응하고 그것을 해결해야 하는 사업인 것이다. 대기업의 경우 대개는 기획팀이 사업을 기획해서 본부장님 보고, 그룹장님 보고, 사장님 보고, 회장님 보고를 통과하고 실행 그룹에게 넘긴다. 그러면 실행 그룹이 사업을 시작한다. 이런 운영체계로는 메타버스 사업을 할 수 없다.

메타버스는 구축하기는 쉽지만 집객은 어렵고 일단 서비스를 시작하면 닫기는 더 어렵다. 메타버스에 대해 기관의 홈페이지를 3차원으로 하나 더 만드는 정도로 생각하는 공공 서비스는 완전한 착각을 했다는 것을 알게 될 것이다. 메타버스는 특정한 정보로 편익을 제공하는 정태적 웹이 아니라 플랫폼 운영을 통해 다양한 경험을 제공하는 역동적 웹이기 때문이다.

메타버스가 고객을 유치하는 비결은 잔인할 정도로 단순하다.

고객에게 보상과 재미와 의미를 제공하는 것이다. 플랫폼은 재미 요소와 의미 요소, 보상 체계를 갖추어야 하며 그 속의 각 월드는 그 재미와 의미와 보상 체계에 적응해야 한다.

제페토 안에 멋진 월드를 만들고 아바타도 잘 만들었지만 아무도 방문하지 않는 서울시 창업 허브 메타버스는 소중한 반면교사가 된다. 기술적으로 완벽한 메타버스도 그 안에 보이지 않는 보상, 재미, 의미가 없으면 작동하지 않는다.

게임을 포함한 인터넷 서비스는 개발자, 사용자, 사회라는 세 가지 층위를 갖는다. 좀 더 자세하게 말하면 개발자가 만드는 기계적 층위Mechanics, 사용자가 그것을 움직이는 역동적 층위Dynamics, 사회가 그것을 보았을 때 바람직한가, 모양이 좋은가를 따지는 미학적 층위Aesthetics의 세 가지이다.[55]

재미는 개발자가 고안한 기계적 층위와 사용자가 그것을 플레이하는 역동적 층위 사이에서 생겨난다. 의미는 사용자의 플레이와 사회의 가치 평가 사이에서 생겨난다. 보상은 개발자가 설계한 시스템과 사회의 가치 평가 사이에서 이루어진다. 이를 도해하면 141쪽과 같다.

메타버스는 단순히 개발자가 사용자에게 제공하는 서비스가 아니다. 개발자와 사용자가 함께 서비스의 가치를 창출하는 과정이다. 사용자는 2차원 인터넷보다 더 쉽고 사용자 친화적인 정보를 받아서 자기 자신이 거기에 뭔가를 덧붙이고 정보의 가치를 높인

---

55 Leblanc, Marc, Tools for creating dramatic game dynamics, The game design reader: A rules of play anthology, The MIT press, 2006, pp.438–459

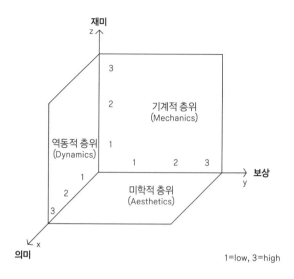

재미 의미 보상 MDA 평면도

다. 이 과정에서 재미를 느끼고 의미를 확인하며 현실적인 보상을
받는다.

재미, 의미, 보상의 세 가지 가치를 3점 척도로 분할하면 메타버
스와 유사 매체를 142쪽과 같이 비교할 수 있다.

메타버스

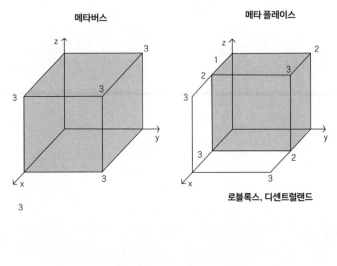

메타 플레이스

로블록스, 디센트럴랜드

온라임 게임

무개념 3차원 인터넷

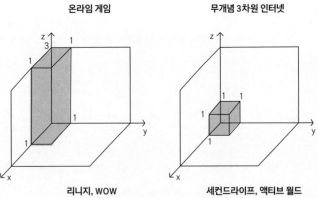

리니지, WOW

세컨드라이프, 액티브 월드

메타버스의 재미-의미-보상 개념도

궁극의 메타버스와 사용자 맞춤형 스토리

인간은 자신이 원하는 일을 할 수 있지만, 자신이 무엇을 원할지 스스로 정할 수가 없다. 인간은 욕망의 중개자를 따라 욕망한다. 인간은 남들이 원하는 것을 보고 그 사람들을 모방해서 비슷한 대상을 찾고 그것을 욕망한다.

친구의 농담 한마디, 부모님의 별 뜻 없는 핀잔, 선생님의 사소한 칭찬, 인터넷에서 접한 사건 사고와 그것에 대한 익명의 논평. 이런 다양한 경험들이 작은 톱니바퀴처럼 맞물려 우리로 하여금 특정한 욕망의 중개자에 반응하게 만든다. 우리는 스스로 의사결정을 하는 것처럼 느끼지만 사실은 그런 선택을 하도록 만든 상황이 우리를 그렇게 만든 것이다.

욕망의 중개자 이론은 인간 주체의 독립적인 의지, 즉 자유의지의 가능성을 부정하는 것처럼 보인다. 그러나 이것은 있는 그대로의 우리 자신을 직시하고 우리가 서로에게 친절해야 하는 이유를 말해주는 진실이다.

각기 따로 서 있는 듯이 보이는 나무들은 보이지 않는 땅 밑 뿌리 끝에서 곰팡이의 균사체 네트워크로 연결되어 있다. 나무들은 서로 화학적 신호를 교환하며 공생하고 있는 것이다. 인간도 프로이트, 다윈, 마르크스가 역설했듯이 보이지 않는 무의식, 진화의 결과로 나타난 생물학석 신체의 공통된 화학 작용, 동일한 역사적 현실을 구성하는 경제적 토대를 통해 공생하고 있다.

현실세계를 닮은 메타버스는 인간 사회의 공생 네트워크를 스토리로 재현한다. 메타버스에서 발생하는 사용자 스토리는 우리에게 진실만이 갖는 강력한 설명력을 주고 현실의 사회에서 일어나는 문제에 대한 과학적 추론을 준다.

142쪽 도해에서 보았듯이 현 단계의 메타버스, 즉 메타플레이스는 〈로블록스〉〈디센트럴랜드〉의 한계를 넘어 의미의 축으로 한 단계 더 전진해야 한다. 그 전진의 중요한 계기 중 하나가 스토리다. 스토리는 사용자에게 그가 지금 왜 이 일을 해야 하는지를 설명함으로써 최종 목적으로서의 의미를 제공하기 때문이다.

그런데 메타버스는 영화나 소설과 달리 스토리를 전달하는 매체가 아니라 스토리의 재료를 품고 있는 매체이다.[56] 사용자들은 스토리의 재료가 가득한 월드를 돌아다니면서 자신의 사용자 스토리를 만든다. 각각의 이동 경로에 따라 스토리는 천차만별로 달라진다. 메타버스의 스토리는 기록되는 스토리가 아니라 사용자의 경험으로 축적되는 스토리이다.

각 사용자의 스토리는 그의 자유 의지로 이루어지지만 동시에 그를 둘러싼 스토리의 재료에 의해 결정된다. 그의 스토리는 우발적이지만 동시에 구성적이다. 그것은 분절적이고 독자적인 개인의 이야기이지만 동시에 근본적으로 상호연관적이며 인과적인 관계의 이야기이기 때문이다.

우발적인 것과 구성적인 것의 공존 때문에 메타버스는 사전에

---

56 이러한 메타버스 환경의 스토리를 완결된 '스크립톤(scripton)'이 아니라 스토리 재료로서의 '텍스톤(texton)'이 나열되어 있는 상태라고 말할 수 있다.
Espen J. Aarseth, 류현주 역, 『사이버 텍스트』(서울:글누림,2007) 125면.

운영을 기획할 수 없다. 메타버스를 성공시키기 위해서는 개발자들이 그곳에 아바타를 만들어 계속 거주하면서 다른 사용자들의 스토리를 주시하고 그 데이터가 암시하는 바를 실시간 해독해야 한다.

전체의 시스템을 기획하려 하지 말고 부분적인 단위 하나하나에 반응해야 한다. 메타버스 월드의 규칙, 서비스, 과금 모델을 정하려 하지 말고 사용자 한 사람 한 사람에게 만족할 만한 스토리 재료를 제공하려 해야 한다. 진화생물학의 용어를 빌리면 메타버스의 운영은 시스템 오퍼레이션system operation이 아니라 유닛 오퍼레이션unit operation인 것이다.

수십 만, 수백 만의 사용자를 관찰하고 그들의 스토리에 반응한다는 것은 관념적인 이상이 아니라 데이터와 인공지능에 의해 현재 실제적으로 가능한 작업이다. 메타버스에서 사용자 맞춤형 스토리의 조성 방법을 예시하자면 146쪽과 같은 파불라 모델 개량안이 있다.

네델란드 트웬테 대학의 마리 퇴네 교수는 메타버스처럼 사용자들의 대규모 다중접속으로 만들어진 가상 환경에서 어떻게 스토리가 창발되는가에 대한 '파불라 모델'을 만들었다.[57] 146쪽 도표는 퇴네 교수팀의 파불라 모델을 서사의 유사도를 계산할 수 있도록 가중치를 매겨 수정 보완한 모델이다.

57 Ivo Swartjes and Mariet Theune, A Fabula Model for Emergent Narrative, TIDSE 2006, Darmstadt, Germany, December 4-6, 2006.

이야기 요소	인과관계
1. 목표(7점)	1. 물리적 유발(7점)
2. 행동(6점)	2. 기타 외재적 유발(6점)
3. 설정된 요소(5점)	3. 동기 부여(5점)
4. 내적 요소(4점)	4. 심리적 유발(4점)
5. 사건(3점)	5. 기타 내재적 유발(3점)
6. 인지(2점)	6. 활성화(2점)
7. 결과(1점)	7. 관계 없음(1점)

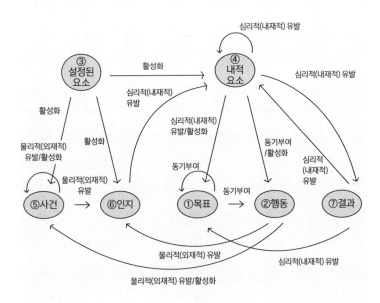

메타버스의 사용자 단위 스토리

이야기는 인물, 사건, 배경이라는 세 가지 요소로 이루어진다. 파불라 모델은 인물에 대응하는 캐릭터 에이전트, 사건에 대응하는 플롯 에이전트, 배경에 대응하는 월드 에이전트로 구성된다.

플롯 에이전트는 인물에게 목표에 따른 행동을 선택하도록 한다. 캐릭터 에이전트는 인물을 둘러싼 많은 인과관계 중에 목표에 가장 적합한 행동을 찾는다. 월드 에이전트는 캐릭터의 행위가 배경에 가능한 행위인지 아닌지를 판단한다.

파불라 모델은 이러한 인물, 사건, 배경의 조합을 통해 흥미로운 이야기가 나올 때까지 계속 이야기를 생성한다. 한국에서 2012년에 개발된 '스토리 헬퍼'가 영화나 소설 같은 선형적인 서사를 위한 인물, 사건, 배경의 조합이었다면 마리 퇴네의 '파불라 모델'은 메타버스와 같은 비선형적 서사를 위한 조합이다. 즉 파불라 모델을 이용해서 우리는 미리 정해진 플롯이 없는 가상세계에서 불특정 다수의 사용자들에 의해 어떤 이야기들이 생성될 것인가를 시뮬레이션해볼 수 있다.

파불라 모델은 7가지 이야기 요소와 7가지 인과관계로 이루어져 있다.

7가지 이야기 요소는 캐릭터가 성취하기를 원하는 목표, 캐릭터가 의도적으로 행한 행동, 사건이 일어나기 전의 이야기 상태인 설정된 요소, 캐릭터의 믿음이나 감정 같은 내적 요소, 캐릭터의 의도 없이 발생한 사건, 캐릭터가 정보를 알게 되는 인지, 목표를 해결함으로써 얻어진 결과이다.

7가지 인과관계는 가장 명시적인 형태의 강력한 인과관계인 물리적 유발과 기타 외재적 유발, 캐릭터에게 구체적인 욕망과 목표를 주입해 사건을 발생시키는 동기 부여, 캐릭터의 믿음이나 감정 같은 요인을 변화시켜 사건을 발생시키는 심리적 유발과 기타 내재적 유발, 사건의 발생을 보장할 수는 없지만 사건의 발생을 위해 필요한 요인을 민드는 활성화, 관계없음이다.

〈오딘〉의 안해에게 욕망의 중개자는 '티끌모아거지'나 '이쁜한세상'처럼 메타버스 안에서 만난 친구들이다. 안해 자신이 비록 '무소과금'(게임에 돈을 쓰지 않거나 아주 작게 쓰는 사용자)이지만 그들 '핵과금러'(게임에 거액의 돈을 쓰는 사용자)처럼 강해지고 싶다고 생각한다. 가상세계 안에서 주도성을 발휘할 수 있는 멋진 외양과 전투력을 갖고 싶다고 원한다.

표면적으로는 안해의 사용자 스토리는 제작 재료를 채집하고, 사냥을 하고, 상거래를 하고, 캐릭터의 능력치를 올리는 행위가 반복되는 듯이 보인다. 그러나 심층적으로 그의 스토리는 다른 사용자들과의 우열 비교라는 관계를 소비하며 새로운 관계 형성을 추구하고 있는 것이다.

① 목표는 결과에 의해 심리적 내재적으로 유발되며, 내적 요소에 의해 활성화되고 심리적, 내재적으로 유발된다. 이런 과정에서 선택될 수 있는 다른 목표들과 서로 확정된 목표가 되기 위해 경쟁한다. 목표가 확정되어 ② 행동이 취해지면 이 행동은 월드 에이전트에 통보되어 ③ 설정된 요소가 되고 이 설정된 요소는 ④ 내적 요소의 원인이 된다. 다시 설정된 요소는 플롯 에이전트에 관계하여 ⑤ 사건과 사건의 결과인 ⑥ 인지를 활성화시킨다. 인지는 내적

요소를 심리적, 내재적으로 유발하고 내적 요소는 다시 ⑦ 결과를 심리적, 내재적으로 유발한다.

메타버스의 사용자 스토리는 이렇게 이미 존재하고 있는 스토리 재료를 사용자가 선택하고 조합해서 다시 쓰는 것이다. 이것은 디지털 스토리텔링의 서사 창작 지원 도구가 이미 존재하는 스토리들의 사례를 스토리 재료로 제공하고 그것을 조합하고 변형해서 새로운 스토리의 플롯을 만들게 하는 원리와 같다.

그렇다면 메타버스에서 일어나는 수백만 명, 수천만 명의 사용자 스토리는 그 진행 방향을 실시간으로 알 수 있다. 사용자가 몇 개의 연속되는 행동을 통해 7가지 이야기 요소와 7가지 인과관계의 한 단편만 보여주면 컴퓨터는 이것을 검색어로 이용해서 사례기반추론을 진행하고 앞으로 일어날 사용자 스토리의 패턴을 데이터베이스로부터 추출한다.

〈스토리 헬퍼〉에서 사례기반추론 공식으로 사용자의 페르소나를 자동 분류했던 방법은[58] 메타버스에도 적용된다. 세분화된 사용자의 페르소나에 의해 10000개 이상의 행동 예측 트리를 생성되면 그 사용자에게 맞는 재미와 보상과 의미를 생성하도록 월드를 수정할 수 있다. 이런 방식은 복잡계로서의 대규모 사회 현상을 시뮬레이션하고 입안 정책의 성과나 영향을 예측하는 데도 적용될 수 있다.

사전 기획이 불가능한 메타버스에서는 개발자들이 이렇게 사용

---

58 김명준, '스토리 검색 서비스의 사용자 기록에 나타난 인물 성향 군집화 및 유형 분석' 한국디지털콘텐츠학회 눈문지 17권 5호(2016.10.) 385면.

자의 스토리를 관찰하며 월드를 고쳐간다. 그리하여 메타버스는 완성해서 던져주는 서비스가 아니라 개발자와 사용자의 상호작용을 통해 매일매일 월드를 수정해가는 과정이 된다.

8

왜 아바타가 아니고
맵인가

이반 일리치의 고독한 방황

1926년 오스트리아 비엔나의 유태계 가정에서 이반 일리치^{Ivan} Illich라는 아이가 태어났다. 감수성이 예민하던 10대에 나치의 박해를 겪으면서 인간과 세계에 대해 깊이 절망했고 구원의 길을 생각했다.

2차 대전이 끝나자 이반 일리치는 바티칸의 신학대학을 졸업하고 잘즈부르크대학에서 박사 학위를 받았다. 신앙심이 깊고 재능이 뛰어나 주위의 기대를 모았다. 신부 서품을 받은 그는 푸에르토리코로 가서 서른 살에 폰세 카톨릭 대학 부총장에 임명되었다.

그러나 그는 카톨릭 교회가 세속적 자만에 빠져 서구의 가치를 중남미에 강요하고 있다는 사실에 양심의 가책을 느꼈다. 연설과 공개서한으로 바티칸 정책을 비판한 결과 그는 1967년 교황청 신앙교리성에 소환되어 심문을 받고 사제직에서 추방되었다.

그 후 이반 일리치는 멕시코시티 남쪽의 소도시 쿠에르나바카에 은둔했다. 복직을 포기하고 대안학교 운동에 심혈을 기울였다. 그는 교회와 학교가 서구 사회를 키워낸 모체로서 서로 비슷하다고 보았다. 종교 개혁에 의해 교회가 세속적 권력을 잃으면서 기독교가 살아났듯이 학교가 의무교육 제도라는 세속적 권력을 잃어야 교육이 살아난다고 생각했다.

그러나 그의 저술 활동은 소수의 후원자를 빼면 거의 호응이 없었다. 그는 좌파와 우파 모두에게 비난받았다. 자신의 신념을 실천할 대안학교로 문화교류 문헌 자료센터를 설립했으나 운영이 어려웠다.

이반 일리치는 점점 더 외로워졌다. 몸은 마르고 머리는 세었으며 쓸데없이 눈빛만 날카롭게 빛나서 옛날 온화한 사제의 모습은 찾아볼 수 없게 되었다. 그가 늦은 밤시간을 이용해 『컨비비얼리티를 위한 도구』라는 책을 쓴 것은 이렇게 바람만이 말벗이 되어가던 쓸쓸한 시절이었다.

컨비비얼리티란 '사람들이 자발적으로 모여 북적거리며 즐거워 함'이라는 뜻이다. '더불어 잔치하다.' '함께 먹고 놀다'를 뜻하는 라틴어 동사 'conviv'로부터 컨비비얼convivial이라는 형용사가 유래했다. 사전적으로 이 형용사에는 친구 사귐companionship, 재미Fun,

이웃에게 배움Learning, 평등함Equality라는 네 가지 의미가 함축되어 있다.

이반 일리치는 이 개념을 미래 공동체의 이상으로 제시했다. 즉, 우리는 개개인이 의무교육 같은 인위적인 제도의 억압 없이, 필요한 순간에 모여 북적거리며, 생기발랄하게 스스로 학습하고 지식과 경험을 서로 나누는 자율적 공생의 사회에서 살아야 한다는 것이다.[59]

리 펠젠슈타인이 이반 일리치의 뜻을 계승하다

이 무렵 쿠에르나바카에서 3600킬로미터 떨어진 미국 버클리에 리 펠젠슈타인Lee Felsenstein이라는 청년이 살고 있었다. 그도 유태인이었고 부모가 공산당원이었던 까닭에 매카시즘의 박해를 겪었다. 해커 운동을 주도한 메모리 공동체 그룹을 설립하여 훗날 실리콘밸리의 혁신가들에게 지대한 영향을 끼친 이 28세의 컴퓨터 프로그래머는 이반 일리치의 책을 읽고 깊은 감명을 받았다.[60]

펠젠슈타인은 컴퓨터야말로 컨비비얼리티의 이상적인 도구라고 생각했다. 만약 컴퓨터들이 서로 네트워크로 연결된다면 사람들은

---

59 Ivan Illich, Tools for Conviviality (1973) 심성보 옮김, 『성장을 멈춰라』(서울:미토,2004) 33-35면.

60 Steven Levy, Hackers: Heroes of the Computer Revolution (1985) 과학세대 옮김, 『해커』 상권 (서울:사민서각,1991) 267면.

그 네트워크에서 국가와 민족과 인종과 계급의 모든 차원을 초월하여 만날 수 있을 것이었다. 그리하여 진실로 평등하고 자유로운 소통을 이룰 수 있을 것이었다.

사람은 자신의 힘만으로는 살 수 없다. 자신을 낳아준 가족, 이웃, 고향, 사회, 국가, 그리고 초록별 지구의 사랑이 필요하다. 컨비비얼리티, 즉 함께 모여 북적거리는 것은 이 사랑을 확인하고 우리 사피엔스들 사이에 유연한 대규모 협력이 필요함을 느끼는 일이다.

사람은 운명적으로 불평등하다. 누구는 부잣집에서 태어나고 누구는 가난한 집에서 태어난다. 누구는 영리하고 누구는 어리석다. 그러나 함께 모여 북적거릴 때 인간에게는 운명을 극복하고 평등에 가까워짐을 느끼는 즐거움이 있다. 함께 모여 북적거리는 것은 인간은 서로 다르지만, 다르기 때문에 함께 하면 즐겁다는 모순과 필연을 확인하는 일이다.

정부와 대기업만이 컴퓨터를 소유했고 집채만한 컴퓨터를 천공카드로 돌려 인구 통계 같은 일에나 쓰던 시대였다. 이반 일리치를 읽은 리 펠젠슈타인은 바로 그런 시절에 모든 개인이 컴퓨터를 가져야 한다는 놀라운 발상을 하게 되었다. 그가 1980년 세계 최초의 퍼스널 컴퓨터 '오스본'을 만든 이유는 컴퓨터를 저렴한 가격으로 개인에게 파는 것이야말로 세상에서 가장 고귀하고 중요한 행동이었기 때문이다.

리 펠젠슈타인에게 퍼스널 컴퓨터 제조업자는 현대의 프로메테우스였다. 그는 국가와 조직에 독점된 컴퓨터라는 그 불의 힘을 개인에게 줌으로써 사람과 사람 사이의 생기발랄한 의사소통을 가로

이반 일리치, 『컨비비얼리티를 위한 도구』, 리 펠젠슈타인

막는 제도의 억압을 파괴하기 때문이다.

퍼스널 컴퓨터는 이렇게 실리콘 밸리의 선구자들이 기획한 혁명의 도구였다. 티셔츠와 청바지를 입고 운동화를 신은 그들의 옷차림은 혁명의 전투복이었다. 빌 게이츠처럼 어른이 되고 큰 부자가 되어도 그들은 이 전투복을 고집했다. 그들은 정장과 와이셔츠, 넥타이, 가죽구두의 권위주의를 거부함으로써 새로운 이상을 표현했고 기성 사회의 의전 및 서열 감각을 바꿔놓았다.

나아가 리 펠젠슈타인은 컴퓨터 테크놀로지가 사악한 관료 제도로부터 사람들을 보호해주는 선술집, 지역 쉼터, 카페 같은 것이 되어야 한다고 생각했다.

평등한 조직, 정보의 공개와 공유, 자유로운 개인들의 우정에 기초한 연대감.

이러한 이상을 위해 모든 컴퓨팅 장치는 평범한 보통 사람들이

이해할 수 있고 접속할 수 있고 사용할 수 있는 컨비비얼리티에 도
달하는 상태를 궁극의 목적으로 해야 했다.[61] 이 사상은 얼마 후 최
초로 상용화에 성공한 퍼스널 컴퓨터 '애플'을 만든 스티브 잡스에
게 계승되었다.

컨비비얼리티 사상과 메타버스의 세대의식

컨비비얼리티 사상은 IT 문화의 창세기부터 현재의 메타버스에
이르는 추세선을 만든 출발점이다. 이 사상에 따르면 개인은 퍼스
널 컴퓨터의 평등하게 연결된 네트워크에 의해 국가, 기업, 학교,
노동조합 등 모든 권위적인 집단의 속박에서 해방된다. 오늘날 디
지털 공간에서 북적거리는 아바타들은 인간이 민족, 인종, 성별,
연령, 학벌 등의 차별을 극복하고 생기발랄하게 공존해야 한다는
이상주의의 결과물이다.

함께 모여 북적거리는 사용자는 메타버스의 발전을 결정하는 가
장 중요한 실체이다. 이들은 메타버스에 숨겨진 내재적 가능성을
외재적으로 실현하는 촉매인 동시에 자신의 개성을 메타버스에 이
식하는 주체이다. 함께 모인 사용자들은 특정한 시대의 생활인으
로서 자신의 고유한 세대의식과 문화적 아비투스를 가지고 있다.

메타버스의 사용자는 컴퓨터 모니터나 모바일 화면을 통해 다른

---

61 'Lee Felsenstein and Convivial Computer'
(https://conviviality.ouvaton.org/spip.php?article39) at 2021. 4.13.

사용자의 아바타들이 바글바글 모여 북적거리는 광경을 보고 그 속을 자신의 아바타로 돌아다닌다. 이것은 1990년대 이전에는 경험하지 못했던, 특이한 체험이다. 그런데 이 체험은 묘하게 친숙하게 느껴지며 사용자 친화적이다.

인간은 사람들이 북적거리는 3차원 공간에서 태어난다. 3차원 공간에서 성장하고 일하다가 늙고 병들고 죽어간다. 사람들 사이를 움직이며 물건을 조작한다. 말하자면 인간의 뇌는 다른 사람들이 움직이는 공간에서 스스로 몸을 움직이면서 관계를 맺는 방식이 쉽고 익숙한 것이다.

디지털 공간은 정보를 더 빨리 직관적으로 지각할 수 있는, 사용자 친화성이 더 높은 세계로 진화해왔다. 특히 3차원 공간에서의 컨비비얼리티 체험은 현대에 올수록 증가해왔다.

오늘날 메타버스는 주로 X세대와 M세대, Z세대, 알파 세대에게 유력하고 대중적인 문화 체험이다. 메타버스는 이 세대들이 즐겁게 시간을 보내는 오락이며, 컴퓨터를 사용한 정보처리능력, 즉 디지털 리터러시를 체득하는 자기 훈육이고 마지막으로는 대중화된 디지털 종합예술을 감상하는 문화생활이다. 그러나 여기에는 세대 간의 격차가 존재한다.

X세대가 이미 자신의 가치관을 형성한 청년 시절에 IT 테크놀로지를 접했다면, M세대는 학교에 다니며 세상에 눈을 뜨는 소년 시절에 인터넷을 접했다. X세대는 인터넷 서비스 이용에 위화감이 없고 인터넷에서 양질의 정보를 습득할 능력이 있지만 인터넷 서비스에 대해 어릴 때부터 나와 세계를 이어준 매개체, 즉 반려 매

체라는 애정을 느끼지는 않는다. M세대의 경우는 디지털 반려 매체를 실존적으로 받아들인 최초의 세대로서 X세대보다 훨씬 우월한 디지털 리터러시를 가진다.

이 두 세대에 반해 Z세대는 가장 지적 호기심이 왕성한 유아 시절에 인터넷과 접했고 알파세대는 태어나기 전부터 이미 인터넷이 있었다.[62] 이를 정리하면 아래와 같다.

세대	특성	대표 콘텐츠	컨비비얼리티 체험
베이비 부머 (1955~1963)	고속성장의 권위주의 시대에 성장, 자산 많으나 콘텐츠 소비 제한적.	메타버스 체험 없음.	○
X세대 (1964~1981)	탈산업화의 개인주의 시대에 성장. 여가 중시, 소비 지향적.	MMORPG	◔
M세대 (1981~1996)	민주화 정착된 국제주의 시대 성장. 스타일과 디자인, 다양성을 중시.	e-스포츠	◐
Z세대 (1995~2010)	디지털 네이티브 세대. 친교 활동의 중심이 온라인. 공정 평등의 가치 중시.	모바일 게임	◕
알파세대 (2010~2024)	스마트폰 네이티브 세대. 휴대기기를 통해 놀이와 학습. 글로벌 팬데믹 시기에 취학.	생활형 가상세계	●

세대에 따른 메타버스 체험

62 박혜숙, 〈신세계 특성과 라이프 스타일 연구〉 인문사회21 제7권 6호 (2016) 755−760면.

초창기 메타버스 사업을 주도했던 베이비부머 세대는 이처럼 메타버스 체험 자체가 생경했다. 그들은 사용자들이 메타버스에서 기대하는 경험을 오해했고 컨비비얼리티의 중요성을 몰랐다. 그들은 3차원 시뮬레이션을 생생하게 보여주는 렌더링의 충실성, 물리 엔진의 정확성, 객체 모델링의 정밀함이 메타버스의 성공을 결정한다고 생각했다.

이 세대들의 메타버스 사업은 화려한 시뮬레이션 작업에 많은 돈과 시간을 투자했다. 쿨Cool, 룩앤필Look & Feel, 생동감Vividness이 개발이 지향해야 할 최상위 컨셉으로 생각되었다. 그러나 이렇게 만들어진 메타버스 서비스들은 결국 시장에서 받아들여지지 않았다.

〈누리엔Nurien〉은 정교한 3차원 시뮬레이션으로 아바타의 극사실적인 외모를 재현하고 섬세한 동작의 모델링을 구현한 서비스였다.[63] 모든 아바타가 연예인 같았다. '홈'이라는 호화로운 인테리어의 개인 고유 공간을 주고 그 속에 사진, 글, 동영상을 올려 게시하고 친구도 초대할 수 있게 했다. 그러나 이 유례없이 아름다운 아바타와 화려한 방과 멋진 댄스의 메타버스는 악전고투 끝에 1년 만에 서비스를 종료했다.

사람들이 메타버스에서 원한 것은 멋진 아바타도 멋진 룸도 아니었다. 컨비비얼리티였다. 시장에서 반복되어 증명된 사실은 사람들이 메타버스에 있고 싶은 것이 아니라 다른 사람들과 같이 있고 싶어 한다는 것이었다. 메타버스는 유토피아적 욕망의 표현이

---

63 https://www.youtube.com/watch?v=aYDc5WZyqvw

며 수단일 뿐 유토피아 그 자체가 아닌 것이다.

사람들은 메타버스로 비물질적, 허구적인 유토피아(u-topia:현실에 없는 공간)를 창조하여 거기에 탐닉하려고 하는 것이 아니다. 구글 〈라이블리〉처럼 구체적인 공간이 제거된 아토피아(a-topia:반공간)를 창조하려는 것도 아니다. 사람들이 메타버스에서 원하는 것은 공간이 있는 연결이다. 다른 사람들과 함께 북적거리고 함께 같은 공간에서 존재해 보는 것이다.

방에 멀뚱히 서 있는 연예인을 닮은 아바타는 가상의 캐릭터가 너무 실사에 근접할 때 일어나는 언캐니 밸리Uncanny Valley, 불쾌함만을 야기했다. 사람들은 시커멓고 우락부락한 〈월드 오브 워크래프트〉의 오르크들, 〈마인크래프트〉의 레고블록들에게 더 정을 느꼈다. 지인이 서툴게 촬영해서 올린 〈페이스북Facebook〉이나 〈인스타그램Instagram〉의 2차원 실사 사진이 더 쿨하다고 느꼈다.

메타버스는 3차원 소셜 네트워킹 서비스가 아니다. 사용자들은 3차원으로 꾸며진 멋진 인테리어의 방을 원하지 않았을 뿐만 아니라 그런 방을 묶어 공동 공간으로 확장하는 서비스도 원치 않았다. 천문학적인 개발비와 마케팅 비용을 치른 구글의 '라이블리Lively'가 이를 증명하고 6개월 만에 서비스를 종료했다.

사용자들이 원한 것은 개인 공간들이 쉭쉭 연결되는 공동 공간이 아니라 컨비비얼리티가 있는 자연스러운 마을이었다. 자발적으로 모인 사람들로 북적거리는 편안한 크기의 사회적 공간이었다. 사용자들은 상점과 시장과 광장을 터덜터덜 돌아다니고, 빵이나 물약도 사먹고, 아이템도 팔고, 다른 사람들이 뭐하고 있는지도 기웃거리면서 자연스럽게 서로 연결되고 싶어했다.

이때 사람들이 느끼는 편안한 크기의 북적거림은 교통정체, 대기오염, 소음, 악취, 범죄를 연상시키는 현대 대도시의 과밀성과는 달라야 한다. 메타버스에서 북적거리는 사람들은 연대감과 인간애를 잃어버린 현대 대도시의 고독한 군중이어서는 안된다. 그러기 위해 메타버스의 가상공간은 사용자들이 서로에게 인간적이고 개인적인 친교의 가능성을 느낄 수 있도록 충분히 작아야 한다. 현대 대도시의 건물과 시설들이 있을지라도 사용자가 걷는 공간 자체는 소박했던 전근대사회의 친근감을 불러일으켜야 한다. 거리를 구경하고 골목을 에둘러 걸어가도 10분 안에 끝에서 끝까지 갈 수 있어야 한다.

메타버스 공간 디자인의 모태는 온라인게임이다. 온라인게임에서 가상공간은 10m x 10m를 기본단위 1셀cell로 한다. 앞서 〈디센트럴랜드〉의 1필지는 온라인게임의 이 1셀을 계승한 것이다. 대개 100셀이 1구역zone이 되며 구역들이 모여 1지역region이 되고, 지역들이 모여 1공간space, 공간들이 모여 1세계world를 구성한다.[64]

사람들이 컨비비얼리티를 느끼는 편안한 크기의 공간은 1구역보다는 크고 1지역보다는 작다. 대개 100셀에 컴퓨터 프로그램이 움직이는 캐릭터NPC 20명과 사용자가 움직이는 캐릭터PC 20명, 합계 40명 정도의 인구 밀도를 전제하기 때문이다. 우리는 사용자들

---

64 온라인게임의 경우 1지역은 상거래와 친교 활동 등이 이루어지는 마을의 경우 대개 6개 구역(300m X 200m)으로 구성되며 전투와 사냥과 채집이 일어나는 필드 지대의 경우 9개 구역(300m X 300m)으로 구성된다.

이 메타버스라고 말할 때 자연스럽게 머릿속에 떠올리는 이 심리적인 공간을 '맵map' 이라고 부를 수 있다.

메타버스에는 매혹적인 8등신 아바타는 없어도 된다. 화려하고 극사실적인 그래픽의 룸도 필요 없다. 그러나 사람이 다른 사람들과 만나서 북적기릴 수 있는 관리 가능한 크기manageable size의 공간은 반드시 있어야 한다. 어디에 가면 사람들이 있겠다고 예측할 수 있는, '경계와 구조가 있는 세상'이 있어야 한다. 우리는 이것을 맵이라고 통칭한다.

맵의 관점에서 온라인게임의 공간 구성을 정리한 아래 도표는 가상세계가 더 많은 재미와 의미와 보상을 위해 온라인게임으로부터 메타버스로 발전할 수밖에 없는 필연성을 보여준다.

대분류	중분류	소분류
마을	상행위 공간 성장 공간 이동 공간 친교 공간 휴식 공간 등록 공간 유흥 공간	상점, 노점상 NPC, 노점상 PC, 공방, 경매장, 창고, 은행 스킬 트레이너 하우스, 수련장, 종족별 성소, 직업별 성소 버스 터미널, 항구, 텔레포트(판타지적 이동 지점) 광장(일반 활동 공간), 아지트(길드원 활동 공간) 여관(숙박 공간), 병원(의료 공간), 사원과 교회(종교 공간) 시청(전입신고 장소), 경찰 NPC 오락실(미니 게임), 도박사 NPC, 경마장(레이싱 도박)
전원	전투 공간 탐색 공간	NPC 대결 지대, 사용자간 대결 지대(PvP zone) 희귀 아이템 채집 지점, 희귀 스킬 획득 지점
던전	특별한 공간	보스 몬스터와의 대결, 숨겨진 보물

온라인게임 가상공간의 지역들

온라인게임의 맵은 마을, 필드, 던전이라는 3가지 대분류 아래 대략 10가지 기능의 중분류, 29가지 기능의 소분류를 거느린다. 말할 필요도 없이 이것은 놀이 가능성playability을 극대화하기 위해 관념적으로 만들어낸 공간 디자인이다.[65]

외형상 공간이 다양한 듯하지만, 실제의 기능을 따져보면 이들 공간은 광장과 마을처럼 다수가 운집한 '원', 그리고 길과 장애물처럼 1인이 통과하는 '선'의 구조로 되어 있다. 원은 공격성이 없고 경쟁이 끝난 완결의 공간이며 선은 공격성이 높고 과정적인 진행형의 공간이다. 즉 필드와 던전을 통과하는 무수한 선들이 마을이라는 10여 개의 원으로 모였다가 흩어지는 모델인 것이다.

가상공간에서 일어나는 실제의 인간 활동은 이러한 원과 선보다 훨씬 풍부하다. 현재 위치한 공간에서 사용자의 역할, 목표, 지식, 시간, 인맥, 가지고 있는 돈이나 아이템, 채집할 수 있는 자원 등 전자적으로 존재하지만 잠들어있던 세계가 사용자의 활동으로 깨어나 움직이기 때문이다.[66]

온라인게임은 게임이라는 한계 때문에 사용자들의 입체적인 가능성을 제약하고 억압해왔다. 온라인게임에서는 한 번도 나타나지 않았지만 이미 그 세계에 전자적으로 존재하고 있고 가능성으로 잠들어있는 공간, 메타버스에 의해 깨어나게 될 공간들은 무궁무

65 Javier Salazar, On the Ontology of MMORPG Beings:A theoretical model for research, DiGRA 2005 Conference

66 Konzack, Lars. (2002). Computer game criticism: A method for computer game analysis. Proceedings of the Computer Games and Digital Culture conference, Tampere, Finland. (p.91~98)

진하다.

온라인게임과 실생활 연계 서비스, 가상과 현실이 융합하면서 컨비비얼리티를 지향하는 메타버스는 그 느슨하고 무질서해 보이는 외양 속에 무수한 파생사업의 공간을 만들어낼 것이다. 메타버스는 온라인게임의 방법론을 학습했지만 메타버스의 사업영역은 게임이 아니다. 서로 어깨를 부비며 북적거리는 사람들 사이에서 연대와 공생의 광대무변한 우주가 태어나는 것이다.

제3부

활용

아바타의 모습으로 북적거리는 사람들과 함께 메타버스가 오고 있다. 메타버스에는 잘난 사람도 살고 인공지능에 의해 일자리를 잃게 될 가난하고 무력한 사람들도 산다. 컴퓨터 그래픽이 만드는 밝고 투명한 공기 속에서 모든 것이 무중력의 액체 속에 잠긴 듯한 그곳이 미래에 대한 희망과 불안 속에 서서히 그 모습을 드러내고 있다.

메타버스 시대에 대응하는 2021년 한국의 모습은 본능적이고 집단적이다. 사람들은 메타버스가 고립된 개인의 예측력과 상상력 문제 해결 능력을 뛰어넘는 복잡한 주제임을 직관적으로 이해한다. 과거에 무수한 실패가 있었고 앞으로도 순탄치 않을 것을 안다. 그리하여 사람들은 마치 개미들이 더듬이를 병렬로 연결하여 집단의 지능을 발휘하듯 네트워크와 연대 속에 최적의 해답을 찾으려고 움직이고 있다.

7월 26일에는 삼성전자, 지에스리테일, 신한은행 등 202개 기업이 참여하는 메타버스 얼라이언스가 온라인 화상회의를 통해 피칭 데이를 개최했다. 8월 12일에는 산학연 전문가 80여 명이 참여하는 메타버스 비즈니스 포럼이 발족했고, 9월 7일에는 가상융합경제 활성화 포럼이 발족했다. 세 모임에서 쏟아진 다양한 담론과 자료들, 보고들을 종합해보면 우리는 메타버스의 사업 환경이 2008년 〈세컨드 라이프〉 버블 때와 많이 변했음을 알 수 있었다.

첫째, 하드웨어 이슈가 사라졌다. 〈세컨드 라이프〉 시대에는 그리드 컴퓨팅 등 메타버스를 구현할 이동통신망, 서버 능력, 솔루션 기술 등이 문제였으나 이제는 철저하게 소프트웨어가 논의의 중심이 되었다.

둘째, 스마트폰이 기기의 중심이 되었다. 과거에는 유선 퍼스널 컴퓨터 환경의 사업이었지만 이제는 무선 모바일 환경의 사업이 되었다.

셋째, 스마트폰 앱이 주력 서비스 형태가 되었다. 콘텐츠 사업자들이 복잡한 중개 과정 없이 시장의 반응을 만나면서 수용자의 욕구를 빠르게 반영할 수 있는 앱 형태의 서비스가 확대되었다.

우리는 2021년 하반기 한국에서 취합되고 있는 메타버스 담론들을 바탕으로 메타버스 사업의 아키텍처를 정리할 수 있다. 2021년의 메타버스 사업에서는 모든 콘텐츠가 디지털화되어 플랫폼에 의해 제공되며 네트워크 장비와 디바이스까지도 가상화되어 플랫

폼과 연결된 하나의 기능으로 변해간다. 그 결과 콘텐츠ᶜ-플랫폼
ᴾ-네트워크ᴺ-디바이스ᴰ라는 IT산업을 이루는 네 영역의 상호의존
성이 두드러진다.

171쪽은 메타버스 아키텍처를 비교적 전문 도메인 영역이 확실
하여 빠른 사업화가 기대되는 미술관 및 박물관의 전시 영역에 적
용한 도표이다.

반면 2021년의 메타버스 담론 가운데 2008년과 전혀 변하지 않
은 것도 있다. 메타버스 서비스에서 어떻게 수익을 낼 것인가 하는
비즈니스 모델의 추상성과 관념성이다.

아직 성숙하지 않은 시장인 만큼 메타버스의 수익모델은 복잡하
다. 다수의 판매자가 다수의 구매자와 아이템을 사고 파는 장터 물
물교환대 모델의 성격이 있는가 하면 다량의 저렴한 상품들에서부
터 등급이 만들어져 정점에 고가의 한정판 상품이 나타나는 피라
미드 모델의 성격도 있다. 접속자가 폭주하는 메타버스와 일일 접
속자가 한 명도 없는 메타버스로 극명하게 갈리는 단기 흥행 모델
의 성격이 있는가 하면 꾸준히 사용자들의 신뢰를 얻어 마침내 수
익 영역에 도달하는 장기 운영 모델의 성격도 있다.

우리는 더 추상화될 위험이 있는 수익 모델의 논의를 지양하려
한다. 대신 보다 구체적이고 실증적인 사례 분석으로부터 메타버
스의 활용, 메타버스의 구현 가능성 문제를 탐구하려 한다. 사례는
메타버스가 현실의 사회에 관철되어가는 방식을 보여줄 뿐만 아니
라 앞으로 메타버스가 어떤 구조로 우리의 삶에 자리잡을 것인가
의 실존적 의미를 밝혀줄 것이다.

메타버스 CPND 아키텍처

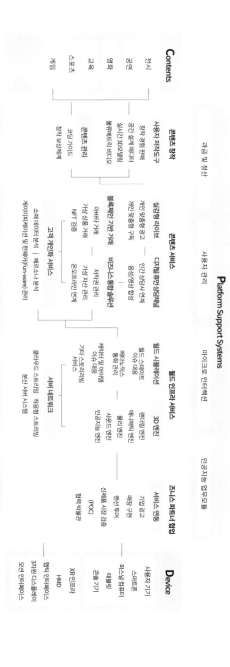

9

NFT 아이템이 거래되는
메타버스 시장

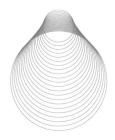

보통 사람들의 시장

대체불가 토큰^{Non Fungible Tonken} 기술이 미술품과 문화재에 적용되는 사례가 늘고 있다. 대체불가 토큰이란 블록체인의 하나로 하나의 토큰을 다른 토큰과 대체할 수 없는 암호화폐이다. 반대로 하나의 토큰을 다른 토큰과 대체할 수 있는 대체가능 토큰에 비트코인, 이더리움 같은 암호화폐가 있다.

간송재단은 훈민정음 해례본을 대체불가 토큰으로 바꾸어 판매했다. 대체불가 토큰이 붙은 미국 작가 비플의 JPG파일 〈에브리데이〉가 크리스티 경매에서 783억 원에 팔렸다.

거대한 변화가 박물관과 미술관에서 시작되고 있다. 박물관과 미술관은 지적재산권을 갖는 물리적 객체들의 컬렉션 시스템이라는 강력하고 확실한 자산 체계이다. 여기에서 시작된 변화를 암호화 기술을 의미하는 크립토와 예술을 뜻하는 아트를 합성하여 크립토아트Cryto-art라 부른다. 크립토아트는 앞으로 모든 상품과 아이템에 적용되고 관철되어갈 현실, 구조화되고 발전하면서 형성과정에 있는 현실, 즉 메타버스 시장을 예고하고 있다.

예술 시장에서 대가들의 이름은 물신숭배적인 마력을 가진다. 그래서 보통사람들은 높은 자산 가치를 갖는 대가들의 걸작이 먼저 있고 이 걸작들을 수용하기 위해 예술 시장이 존재한다고 생각한다.

그러나 예술의 역사를 이루고 예술 시장을 돌아가게 하는 것은 보통사람들이다. 외상값과 쌀값과 연탄값을 제한 얇은 월급봉투를 들고 인사동 고서화 거리를 서성거리던 우리 어버이들이다. 그림이나 조각뿐만 아니라 우표, 프라모델, 만년필, 찻잔, 야드로, 초판본 서적 …… 각자 자신이 좋아하는 수집품에 넋이 나가서 불타는 눈빛으로 인터넷을 검색하는 우리들이다. 향유의 영역만이 아니라 창작의 영역도 마찬가지다.

들소의 다리를 8개로 그려 달리는 모습을 실감나게 묘사했던 저 알타미라 동굴 벽화의 위대한 화가는 누구인가? 표주박 형태와 완벽하게 조화된 손잡이를 창조했던 저 국보 116호 청자 상감모란문 표주박형 주전자의 놀라운 도공은 누구인가? 물에 비친 달을 보는 보살의 신비한 시선을 묘파한 천재, 보물 1426호 수월관음도의 작가는 누구인가?

모른다. 당대 사회에서 그들은 그냥 보통 사람이었던 것이다. 인류 예술사의 밤하늘에 빛나는 이 찬란한 별들을 만든 대가들은 완벽한 익명성에 가려져 있다.

근대 공공 미술관 및 박물관 체제는 이 생기발랄한 보통 사람들의 예술 시장이 왜곡된 형태이다. 근대 공공 미술관 및 박물관에서 이름없는 민예의 진정한 생명력은 압살당한다.

근대 공공 미술관 및 박물관은 평범하고 수수한 독창성을 지향하는 보통 사람들의 개인 소장품 패러다임을 부정한다. 이 국가 주도의 수집 체제는 독창성이 아닌 명품성을 지향하며 공공 소장의 패러다임을 강조한다. 이 패러다임 안에서 국가는 자기 입맛에 맞게 편집한 역사에 따라 칸막이를 나누고 소장품을 분류한다. 그리고 그 제한된 공간 안에 대가의 걸작을 전시함으로써 선별과 배제의 힘을 과시하고 자기 분류 체계의 이념적 위선과 공허함을 감추기 위해 노력한다.

크립토아트에서 시작되는 완전히 새로운 힘이 이 낡은 패러다임을 밀어내고 있다. 이 힘은 사회와의 진실한 연관성을 잃어버린 예술을 활기 넘치는 보통 사람들의 시장으로 되돌려줄 것이다. 이념적 퍼포먼스의 관습 속에 만들어진 천편일률적이고 몰개성적인 형용사들로부터 조선 막사발과 같은 민중 예술을 구출할 것이다.

우리는 보통 사람들이 만드는 사실적이고 역동적이며 창의적인 시장을 메타버스 시장이라고 부른다. 메타버스 시장에는 새로운 감정과 새로운 생각, 무엇보다 새로운 일상적 삶의 토대가 있다.

이 시장은 아직 걸음마 단계에 있지만 현실과 가상의 융합적 요소를 광범위하게 실험하고 있으며 온라인게임으로부터 가상세계의 기존 성과물을 흡수하고 있다.

메타버스의 역사를 돌아보면 대체불가 토큰이 메타버스 시장을 약동하게 해줄 핏줄이라는 사실을 이해할 수 있다. 우리는 오늘날의 빅테크 시장 이전에 존재했던 메타버스로 되돌아가서 미래를 엿보기로 하자.

메타버스의 생존을 결정하는 메타노믹스

1992년 『스노우 크래쉬』가 발표된 직후 미국에서는 가상현실 사업의 붐이 일어났다. 많은 기업이 "세계에서 가장 부유하고 인맥이 넓은 사람들이 그들의 인생을 보내는 공간"으로 형상화된 메타버스를 실제로 구현해보려 했다.

대학과 기업에 연구센터가 세워지고 마쓰시다, 유에스 웨스트 같은 대기업의 투자도 이루어졌다. 존 페리 바로우의 에세이 '무(無)의 존재'는 당시 메타버스를 향한 사회적 열기를 생생하게 증언한다.[67] 그러나 이러한 미국의 메타버스 사업들은 안정적인 비즈니스 모델을 찾지 못했다.

그러던 1995년 12월 태평양 반대편의 한국에서 온라인 채팅

---

67 John Perry Barlow, "Being in Nothingness : Virtual reality and Pioneer of cyberspace" (https://www.eff.org/ko/pages/being-nothingness)

과 그래픽이 결합된 혼종 매체가 상용화에 성공하면서 죽어가던 메타버스 사업의 가능성을 되살렸다. 넥슨이 만든 〈바람의 나라〉였다. 대규모 다중접속 온라인 롤플레잉 게임Massively Multiplayer Online Role Playing Game 즉 MMORPG이라는 게임형 가상세계가 시작된 것이다.

한국은 MMORPG만 실험한 것이 아니었다. 1996년 미국의 인터넷 가상현실 구현 소프트웨어 〈액티브 월즈ActiveWorlds〉를 들여와 세계 최초로 상용화된 메타버스 서비스를 시작한 것도 한국이었다.

그것은 광운대학교 건축학과 신유진 교수가 ㈜다른생각다른세상이라는 법인을 설립하고 삼성증권 등으로부터 투자를 받아 만든 〈다다월드〉였다. 산업 시대의 건축사는 물질 교환의 공간을 만들었지만 정보 시대의 건축사는 가상현실 도시를 설계해 정보 교환의 공간을 만들어야 한다는 소신의 결과물이었다.[68]

〈다다월드〉는 도시를 네 개의 기능별 구획으로 나누었다. 영풍문고, 동아일보, 갤러리, 박물관 등을 유치한 미디어 월드, 영화관, 카페, 음악감상실 등을 유치한 펀Fun 월드, 약 200여 개의 쇼핑몰과 여행사들을 유치한 숍 월드, 삼성증권과 외환은행과 서울지방경찰청 등을 유치한 오피스 월드가 그것이었다.

〈다다월드〉의 클라이언트는 오늘날의 로블록스 스튜디오 스크립트와 유사했다. 2차원 인터넷 웹 브라우저 중앙에 건물, 도로, 지형 등의 3차원 오브젝트들이 보이는, 당시로서는 아주 혁신적인

---

68 신유진, '건축사의 꿈 사이버공간의 건축' 건축사 1999년 제7호. 통권 363호 68면.

인터페이스였다. 틀을 이루는 2차원 브라우저에서 3차원 건물에 소재한 해당 기업, 기관의 홈페이지에 접속할 수 있었다.

〈다다월드〉가 실패한 원인은 참여 기관들의 콘텐츠가 업데이트되지 않았기 때문이다. 미디어 월드의 경우 영풍문고는 새로운 책이나 베스트셀러 집계 등이 제대로 갱신되지 않았고 사용자들이 신작을 접하기 어려웠다. 포스코 Posco 홍보관은 당시 월드 상의 기술적인 한계 때문에 효과적인 시뮬레이션이 구현되지 못했다. 동아일보 역시 사옥으로 들어가도 새로운 뉴스나 기사정보를 얻을 수 없었고 외부의 동아일보 홈페이지를 링크로 연동하는 것에 불과했다.

오피스 월드의 서울지방경찰청은 지속적인 관리가 부족하여 민원 접수가 처리되지 않았고 관련 대민 지원 서비스도 없었다. 숍월드의 쇼핑몰들은 결제를 하려면 다다월드 외부로 나가 해당 쇼핑몰의 2차원 홈페이지 결제시스템을 사용해야 했다. 또 쇼핑몰 규모의 소기업들은 카탈로그의 상품들을 일일이 3차원으로 제작할 능력이 없었다.

〈다다월드〉는 메타버스에 참여하는 사용자(업체)들에게 지속적인 콘텐츠 생산을 유도할 동기의 중요성을 가르쳐준다. 메타버스는 콘텐츠를 제공하는 플랫폼이 아니라 콘텐츠를 만들고 즐기는 과정을 제공하는 플랫폼이었다. 단순한 기관 홍보, 매장 확대는 지속적으로 콘텐츠를 만들도록 유도할 동기로서 아주 미흡했다.

메타버스 서비스가 정상화되기 위해서는 메타노믹스, 즉 메타버스 내부에서 콘텐츠 생산의 과정을 위해 돌아가는 경제 시스템이 있어야 했다. 메타버스는 프로세스 이코노미Process Economy였던 것이다.

상호 대비의 관점에서 우리는 〈다다월드〉를 〈바람의 나라〉와 비교할 수 있다. 메타버스의 창세기에 〈다다월드〉 같은 생활형 가상세계와 〈바람의 나라〉 같은 게임형 가상세계의 차이는 매우 근소했기 때문이다.

〈바람의 나라〉는 온라인 채팅과 똑같은 머드Multi User Dialogue 게임이 그래픽을 추가한 형태였다. 그래서 처음에 이 매체는 그래픽의 G자를 붙여 머그MUG라고 불렸다.

게임이라고 하기에는 너무 허술했던 이 혼종 매체는 스킬을 쓰려면 키보드를 누르는 것이 아니라 일일이 명령어를 입력해야 했다. 승급을 할 수도 없고 직업을 바꿀 수도 없었다. 사용자들은 자연히 다른 사용자를 만나서 동료가 되어 동행하고, 함께 사냥하며 대화를 나누고 물건을 거래하게 되었다. '사냥한다'를 빼면 대부분의 접속 시간에 〈다다 월드〉와 다름없는 활동이 이어졌다.

생활형과 게임형의 혼거 상태는 1998년부터 분리되기 시작한다. 이해 8월 블리자드의 〈스타크래프트〉가 들어와 막 보급되기 시작한 초고속 인터넷을 기반으로 빠르게 확산되었다. 또 9월에는 미국 오리진 시스템즈의 〈울티마 온라인〉을 참조한 〈리니지〉가 출현했다. 〈리니지〉는 초기에 큰 반응이 없었으나 무기에 발라서 공격하면 강한 특수 효과가 일어나면서 소위 '타격감'을 유발하는 정령탄이라는 아이템이 추가되면서 선풍적인 인기를 끌었다. 이후 MMORPG는 사냥과 전투의 본격적인 게임형 가상세계로 발전해 간다.

〈라그나로크 온라인〉 광장에 모인 사람들

   그런데 혼거 시대에 계속 사용자들을 접속하게 만든 이유, 즉 〈다다 월드〉에 없지만 MMORPG에는 있는 핵심 동인이 있었다. 그것은 바로 경제 시스템, 즉 게임 아이템의 현금거래였다.

   〈바람의 나라〉에서부터 사용자들은 필요한 아이템을 게시판이나 게임 내부의 채팅으로 찾아서 소규모 직거래 방식으로 사고 팔았다. 다음 해인 1996년에 나온 〈디아블로〉는 게임 아이템 거래를 공식화했다.[69] 〈리니지〉의 경우 이미 2000년경부터 사회적인 관심을 불러일으킬 정도로 비싼, 고가 아이템들이 거래되었다. 위는 세

---

69   임하나, 'MMORPG 개발자의 경제 행위 연구-Real Money Trade를 중심으로' 이화여대 디지털미디어학부 석사논문 (2009.12) 2면.

칭 '원조 글로벌 흥행 온라인게임'이라 불리는 2002년 작 〈라그나로크〉의 광장 모습이다.

위에서 보듯 광장에 바글바글 모여 있는 사람들은 모두 가상자산, 즉 아이템 거래를 하고 있다. 〈다다월드〉가 사라지고 〈바람의 나라〉와 온라인게임이 살아남은 것은 어떻게 잘 만들었는가가 아니라 거기에 경제의 피가 돌아가도록 운영했는가 아닌가의 차이였다.

메타노믹스의 심층, 컬렉션의 열정

메타버스는 출발의 평등과 결과의 불평등이 있는 세계이다. 사용자들은 모두 똑같은 상태로 태어나지만, 자신이 가상공간에 투자한 시간과 노력에 따라 아주 다른 지위와 활동반경을 갖게 된다. 이러한 사회적 다양성이 가상공간만의 현실감과 재미를 만들어낸다.

그러나 여건상 많은 시간을 투자할 수 없는 사용자들은 다양한 형태의 상대적 박탈감을 느끼게 된다. 그는 허름한 옷을 입고 무디고 느린 무기나 도구를 들고 있다. 할 수 있는 일도, 갈 수 있는 장소도 제약되어 있다. '저 장갑만 있으면' '저 입장권만 있으면' '저 레벨에만 도달하면' 많은 것을 할 수 있다고 판단될 때 현금이라고 하는 현실의 재화가 가상공간으로 유입된다.

이 현금 유입은 심각한 사회적 폐해를 낳기도 한다. 중국 게임의 영향력이 강해진 2010년대부터 한국의 게임에도 소위 '뽑기' 아이템, 확률형 아이템이 많아졌다. 확률형 아이템은 알레아^{Alea} 즉 '운'의 요소를 놀이의 중심으로 만들고 아곤^{Agon}, 사용자가 투자한 시간과 노력의 요소를 평가절하하게 만든다. 이처럼 사행성이 농후한 아이템 판매와 청소년들의 아이템 거래는 향후 메타버스의 상거래 발전에 커다란 장애가 될 수 있다.

메타버스의 운영이란 새로운 희귀 아이템이 나와 사용자가 가진 기존 아이템의 가치가 진흙 덩어리처럼 변하는 머드플레이션을 늦추면서, 그러나 계속 아이템과 콘텐츠를 공급해야 하는 어렵고 모순적인 작업이다. 메타버스는 개발이 아니라 운영, 지속적인 서비스의 문제라는 사실이 이런 경제적 밸런싱에서도 확인된다.

하나의 고가 아이템은 채굴, 제련, 제작, 강화, 옵션 부여, 추가 옵션 부여, 속성 변경 등의 복잡한 과정을 거쳐 만들어진다. 개발사가 이익을 취하기 위해 이 과정의 진행에 결정적인 아이템을 직접 팔기 시작하면 아이템의 가치는 하락하고 돈과 노력을 투자해 아이템을 소유했던 사용자는 피해를 받게 된다.

그렇다고 아이템의 생산과 소비에 관한 모든 것을 사용자에게 맡길 수도 없다. 우리는 이미 중구난방의 생산으로 모든 아이템이 진흙덩어리가 된 〈세컨드 라이프〉의 예를 확인했기 때문이다.

해답은 언제나 현장에 있다. 컨비비얼리티가 있는 광장에서 사용자는 단순한 소비자가 아니다. 메타버스 사용자들의 상당수는 작지만 1인 기업인 것이다. 기업은 언제 일어날지 모르는 머드플레이션을 항상 예의주시해야 한다. 그냥 게임을 하며 놀고 있는 듯이 보이는 사용자도 대규모 잠재시장인 메타버스의 시장 환경과 사용자 행태를 조사하고 있을 때가 많다.

온라인게임 시대부터 현재에 이르기까지 모든 메타버스는 자체의 생산 시스템과 유통망, 시장, 그리고 아이템을 가지고 있다. 메타노믹스라고 불리는 이 가상경제는 미국의 이베이e-Bay, 한국의 아이템매니아, 아이템베이 같은 현금거래 사이트들을 통해 현실 경제와 연결되어 있다.

이러한 메타버스 시장에 아이템을 사고팔며 북적거리는 소비자들이 나타나며 이 소비자 인구의 압력이 콘텐츠 생산을 부른다. 나아가 아이템의 상거래 자체가 메타버스 소비자들이 즐기는 마이크로 콘텐츠가 된다. 메타버스의 소비자는 자신의 소비 행위를 통해 소비자 겸 생산자, 프로슈머가 되는 것이다.

그런데 여기에 현실의 시장과 다른 중요한 차이점이 있다. 메타버스의 아이템은 현실의 먹을 것, 현실의 입을 것, 현실의 집이 아니라는 것이다. 현실과 연계될 수는 있지만 현실은 아니다. 메타버스 소비자들이 소비하고 사업자로서 또 다른 소비를 불러일으키는 아이템들은 모두 현실의 물질적인 욕구보다는 취향이 반영되는 가상의 구성물인 것이다.

이 때문에 메타버스 시장의 상거래는 예술적인 기호품을 수집하는 행위, 즉 컬렉션의 성격을 갖게 된다. 컬렉션은 고대부터 신전이나 무덤, 왕궁 같은 곳에 종교적이고 주술적인 목적으로 수행되고 있었다. 헬레니즘 시대 프톨레미 1세가 설립한 무세이온Museion에서부터 오늘날과 같은 학예적 목적의 컬렉션이 시작되었다. 그

후 컬렉션은 왕족과 귀족과 대부호가 명예와 재산 증식을 목적으로 수집하던 르네상스 시대를 거쳐 산업 혁명 이후에는 시민이 수집하고 시민을 위해 공개되는 현대적 의미의 컬렉션이 나타났다.

중고나라, 당근마켓, 번개장터의 소소한 구매자부터 이건희와 같은 저명 컬렉터까지 수집가들에게는 공통점이 있다. 그것은 수집을 향한 격정, 그리고 소유에 대한 순수한 열정이다. 오랫동안 수집하고 싶었던 물건을 구매하여 손에 쥐면서 온몸을 떠는 환희이다.

수집가라는 인간형을 탐구한 발자크의 걸작 『사촌 퐁즈』(1847)가 보여주듯이 수집가의 소유욕은 경제적인 이익 실현과 거리가 멀다. 언제나 자신이 탐닉하는 희귀한 명품을 구매하려 하기 때문에 호주머니는 텅 비어 있다. 그가 평생 혼신의 노력을 기울여 모은 수집품은 죽은 후 대개 국가와 사회에 유증된다.

오늘날의 크립토아트, NFT 예술은 이같은 수집가의 행위를 현대화, 공식화, 주류화한 것이다. 크립토아트는 진품의 실물과 소유권을 분리한다. 그리고 그 소유권을 대체불가 토큰으로 분할해 거래하고 투자하고 평가한다. 컬렉션의 진정한 열정은 실물이 아니라 소유에 있기 때문이다.

크립토아트가 디지털 공유의 전통을 훼손한다는 비판이 있다. 그러나 이것은 모든 노동의 가치가 시장에서 평가되는 자본주의 사회에서 창작 노동만은 무한 복제와 비경합성을 추구해야 한다는 논리이다.

창작이 무한 복제에 동의하면 작가의 생계를 국가와 사회가 책임져야 한다. 그런 시스템은 영원히 제도로부터 자유롭고자 하는 예술의 생명력을 앗아간다. 작가를 후원하고 새로운 예술을 전파하는 주체는 수집가의 열정을 품은 보통 사람들이지 국가가 될 수는 없다.

디지털 가상자산과 〈로블록스〉의 컬렉터들

온라인게임에서 사용자들은 게임 시스템과 상호작용하면서 동시에 다른 사용자들과 상호작용했다. 아주 자연스럽게 사람의 덕을 보려는 움직임이 나타났고 자신이 제공받은 편리에 대해 대가를 지불하는 관행이 생겨났다. 즉 사회적 친분과 상거래를 통해 게임 시스템이 사용자들에게 부여한 물리적 한계를 극복하려는 경제 활동이 있었던 것이다.

메타버스의 사용자들은 자신이 원하는 가상자산이나 서비스가 있다면 자신이 적절하다고 판단하는 금액의 돈을 지불한다. 그런 거래를 통해 때로는 자신도 돈을 벌 수 있다. 사용자가 아바타를 통해 수행하는 가상세계의 활동이 현실세계의 수익으로 연결되는 것이다. 이런 현실-가상 융합의 시장 환경에서 일어나는 경제 활동과 직업을 예시하면 185쪽과 같다.

메타버스에는 아직도 희귀 아이템이 드롭되는 지역을 통제하고 독점을 통해 돈을 버는 조직폭력배Ganster가 있다. 돈을 받고 혈맹 간의 전쟁에 참전해주는 용병Mercenary이나 원한이 생긴 사람에 대

경제활동	직업	내용	수익모델
투자 (Investment)	투자자	메타노믹스 시장을 파악하고 가격이 오를 아이템을 투자. 일명 '거상'	시세차익
골드 파밍 (Gold Farming)	가상화폐 제작자	단순 반복 사냥에 의해 가상화폐를 채집. 일명 '노가다'	제작
아이템 파밍 (Item Farming)	아이템 제작자	희귀 아이템의 제련, 강화, 제작 기술 습득 후 제조	제작
자재공급 (Resource Supply)	자재 공급업자	희귀 아이템의 제조에 필요한 각종 자재를 채집 공급. 일명 '나뭇꾼'	채집
사용자 운송 (Taxi Driving)	택시기사	특정 레벨 지역을 건너뛰고 싶은 저레벨 사용자를 파티를 하여 이동시켜줌.	용역
파워 레벨링 (Power Leveling)	캐릭터 육성업자	레벨 업에 지친 사용자로부터 계정 접속 정보를 넘겨받아 캐릭터를 특정 레벨까지 대신 육성.	용역
중개 (Brokerage)	중개업자	제작자가 만든 가상화폐와 아이템을 특정 서버의 구매자에게 배달해줌.	용역
소매 (Retail)	소매상	제작자가 만든 아이템을 대신 팔거나 구매 후 광장에 앉아서 판매함	소매
창작 (Creating)	월드 창작자	메타버스 플랫폼 안에 자신의 월드를 직접 구축하여 사용자에게 서비스함	개발
홍보 (Advertising)	광고업자	유튜브, 블로그, 인게임 게시판 등을 통해 월드를 홍보하고 알선함	프로모션

메타버스 내부의 경제활동

해 현상금을 걸면 그 캐릭터를 대신 죽여주는 살인청부업자Hit-man
도 있다. 그러나 이것은 멀리 사라져가는 킬러 시대의 유물이며 덧
없는 뜬소문처럼 사회를 스쳐 지나가는 해프닝에 불과하다.

　메타버스를 움직이는 것은 〈로블록스〉가 보여주는 187쪽과 같
은 비즈니스 모델이다. 이것은 앞으로 대체불가 토큰이 적용되어
창작 노동의 가치가 더욱 엄밀하게 평가되기를 기다리고 있는 모
델이다. 아직까지는 10대 소년 게임개발자 같은 초단기의 프리랜
서 노동만을 조장할 하향 평준화의 위험을 안고 있다. 그럼에도 불
구하고 여기에는 20년 간의 실패와 혁신 끝에 도달한 모델, 크리에
이터의 젊음과 창조력과 자신감, 신선함과 대담함, 호기심과 생기
와 행동력을 조성하는 새 시대의 세계상이 담겨 있다.

　일반 사용자가 〈로블록스〉에서 파는 가상화폐 로벅스를 사서 콘
텐츠 공급자 겸 사용자가 만든 콘텐츠를 100원의 로벅스로 구매한
다. 여기서 콘텐츠 구매란 옷이나 자동차 같은 아이템을 사는 것과
콘텐츠 공급자가 만든 게임 월드에 이용료를 내고 입장하는 것 둘
다를 포함한다. 〈로블록스〉는 이 가운데 30퍼센트를 자신이 수수
료로 가지고 70퍼센트를 콘텐츠 공급자에게 준다.

　중요한 것은 월간 1억 5천만 명의 〈로블록스〉 사용자 가운데
125만 명의 콘텐츠 공급자가 아닌 일반 사용자들도 수익을 얻는다
는 것이다. 이 일반 사용자들은 콘텐츠 공급자로부터 구매한 아이
템을 서로 사고팔면서 거래에 의한 시세 차익을 실현하고 있다.

　전통적인 게임에 비해 〈로블록스〉의 아이템은 대단히 엉성하며
조야하다. 아이템에 내장된 능력치도 그리 높지 않다. 그럼에도 불

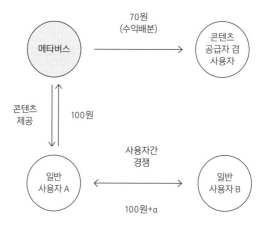

〈로블록스〉에 나타난 메타버스의 비즈니스 모델

구하고 〈로블록스〉의 일반 사용자들은 필경 자기 또래가 만든 이 엉성한 아이템에서 가치를 발견하고 열정적으로 사고판다. 이것은 대체불가 토큰에 의해 잘디잘게 나누어진 작품의 소유권이 수집가들에 의해 활발히 거래되는 미래의 시장을 열고 있다.

　이 미래 시장은 메타버스가 기존의 온라인게임을 초월하여 구현한 컨버전스 비즈니스의 기회 영역이다.

　과거 온라인게임에서 사용자가 현실 화폐로 다른 사용자의 아이템을 사는 거래 행위는 게임의 밸런스를 붕괴시켜 사용자가 이탈하는 원인이 되었다. 그래서 게임회사는 사용자들끼리의 아이템 현금거래를 이용자 약관으로 금지해왔다.

　2001년 '다크 에이지 오브 캐멀롯'의 제작사와 그 게임에 게임

머니를 만들어 팔아온 소위 '작업장 회사' 사이의 소송에서 '리셀링reselling 권리의 소멸'이라는 개념이 등장했다. 사용자가 게임의 이용약관에 동의하는 순간 그가 게임에서 샀던 아이템을 다시 팔 권리가 영원히 소멸된다는 것이다.[70] 2009년 한국 대법원이 가상재화 환전행위는 범죄가 아니라는 판결을 내리기도 했지만[71] 곧 2012년, 2016년의 판결로 뒤집혔다. 사용자의 시간과 노력이 들어간 결과물을 판매한다는 점에서 도박과 다름에도 불구하고 온라인게임 아이템의 현금거래는 불법이다.

　메타버스는 이러한 디지털 가상자산의 현금거래에 새로운 국면을 열었다. 코로나 팬데믹에 대응하는 과정에서 디지털 가상세계는 생존을 위한 필수재가 되고 사회의 기본 인프라가 되었다. 디지털 가상세계가 없이는 생활 자체가 불가능하게 되었다. 과거 디지털 가상자산이 현실의 보완재로 여가를 즐기게 하는 하찮은 수단이었던 시대의 관념은 바뀌지 않으면 안된다. 앞으로 모든 디지털 가상자산은 진지한 물권의 대상이 되는 것이다.

아이템과 사용자 정체성

　사람들은 메타버스에서 거의 제어할 수 없는 욕망을 가지고 아이템을 소비한다. 어떤 청년은 처음 선을 본 여성에게 호감을 표시

70　Jack M. Balkin and Beth Simine Noveck
71　이인화 한혜원 책임 집필, 『게임 사전』(서울:해냄출판사,2016) 443면.

하기 위해 그녀가 좋아하는 게임으로 들어가 아이템을 선물한다. 어떤 장년의 아저씨는 다른 길드와의 전쟁 때문에 위기에 처한 길드원들을 지키기 위해 자신의 처지에 버거운 고가의 무기 아이템을 구매한다. 사람들은 아이템을 매개로 친교 매트릭스를 구성하며 아이템을 이용해 애정과 연대감을 표현한다.

그 결과 성공적인 메타버스는 엄청난 수의 아이템을 생산한다. 같은 정보를 무제한 복제할 수 있는 디지털 미디어의 속성상 같은 종류의 아이템이 여러 개 있을 수 있다. 그러나 현실세계에서도 '벤츠 마이바흐 S클래스 풀만'이 1대만 있는 것이 아니다. 사람들은 똑같이 생긴 다른 차가 있거나 말거나 10억이 넘는 돈을 주고 이 모델의 차를 산다. 메타버스 내에서의 아이템도 마찬가지다. 아이템에 더 복제불가능한 유일성이 필요할 때는 대체불가 토큰을 적용하면 된다.

아이템은 사용자의 정체성을 만든다. 게임에서 사용자는 세 가지 차원의 정체성을 갖는다. 컴퓨터 앞에 앉아 게임을 하고 있는 플레이어, 게임 공간을 아바타로 돌아다니고 있는 페르소나, 게임이 끝나면 학교나 직장의 일원이 되는 사회적 존재로서의 퍼슨이 그것이다.[72] 정체성의 이 세 가지 차원은 아이템에 의해 서로 이어져 있다.

현실의 아이템만이 존재하던 시대 어떤 사람이 착용한 아이템은 그 사람의 정체성이었다. 『사촌 퐁즈』에서 한때는 촉망받는 음악가였지만 이제는 쓸쓸하고 궁핍한 노년을 보내고 있는 골동품 수집가 퐁즈 선생은 '마지막 스펜서 착용자'라고 불린다. 스펜서 외

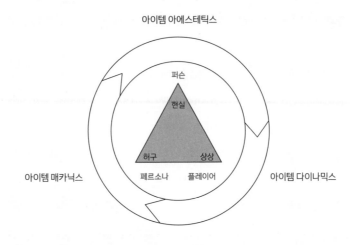

아이템 아에스테틱스

퍼슨

현실

허구　　상상

페르소나　플레이어

아이템 매카닉스　　　　　　　　아이템 다이나믹스

아이템의 순환과 사용자 정체성

투는 1809년 파리에 유행했던 앞단이 허리까지만 내려오는 짧은
외투다. 퐁즈는 한참 유행이 지난 이 외투를 1840년대에 입고 다
니는 사람이라는 뜻이다. [72]

　가상의 아이템이 현실의 아이템과 공존하는 메타버스 시대 어
떤 사람이 가진 가상의 아이템은 그 사람의 정체성이 된다. 우리는
'신화(등급) 탈것 장착자'가 되고 '랭킹 1위 따꾸 캐릭 본주님(본래
주인)'이 되며 '사랑스러운 딸기 우유 하우스 집주인'이 된다. 게임
하는 플레이어의 아이템은 곧 게임 내부에 있는 아바타의 아이템

72 Dennis D. Waskul,「The Role-Playing Game & The Game of Role-playing」,
Game as Culture Macfarland & Company, 2006, 32-35 pp.

이며, 학교에 가서 친구들에게 자랑하는 사용자의 아이템이다. 아이템을 매개로 가상세계의 정체성이 현실세계의 정체성과 이어지는 것이다.

퐁즈 선생의 마지막 자존심인 스펜서 외투가 영원히 그의 것이어야 하는 것과 마찬가지로 우리가 메타버스에서 취득한 아이템의 소유권도 확실히 우리 것이어야 한다. 가상자산의 안정성이야말로 완전한 디지털 전환 사회가 보장해야 할 가장 중요한 법제도적 토대이기 때문이다.

특히 개발자들이 메타버스 안에서 창작한 월드와 아이템에 대한 권리는 다른 지적 재산이 갖는 공공재로서의 권리와 똑같이 보호되지 않으면 안 된다. 메타버스 제작사의 파산 같은 사유로 서비스가 종료되었을 때 사용자가 취득한 가상자산이 일시에 소멸하는 사태는 디지털 전환 사회의 토대를 무너뜨리는 것이다.

이를 극복하기 위해 오늘날 메타버스 생태계에는 대체불가 토큰 기반의 아이템이 발전하고 있다. 대체불가 토큰은 원래 블록체인 기술을 이용해 유가증권, 부동산, 그림 등 자산의 가치를 관리하기 위해 개발되었다.

블록체인은 분산된 네트워크상에서 정보가 계속 블록화되어 연결 저장되므로 저장된 정보를 이후에 임의로 변경, 조작하는 것이 거의 불가능하다. 이 분산 네트워크는 국가나 중앙은행으로부터 독립된 탈중앙화를 지향함으로써 아날로그 세계의 국지적 권력을 넘어 사회 경제 시스템을 원격화, 무인화하고 있는 디지털 전환의 추세와도 부합한다.

2017년 11월 출시된 가상 고양이 키우기 게임인 〈크립토 키티즈CryptoKitties〉가 크게 성공하면서 게임에 대체불가 토큰을 접목하는 것이 좋겠다는 인식이 퍼지기 시작했다. 게임 아이템에 대체불가 토큰 기술을 적용하면 콘텐츠 고유의 토큰값 때문에 희소성이 높아지고 세이너의 수익이 보장되었다. 가상 몬스터를 수집 훈련 진화시키는 베트남 게임 〈악시Axie〉에서는 특정 구역의 부동산이 2021년 2월 150만 달러에 팔리기도 했다. 〈크립토도저Crypto Dozer〉 같은 경우는 처음부터 '이더리움 게임'을 표방한 블록체인 게임이다.[73]

이런 메타버스에서는 사용자가 대체불가 토큰으로 변경할 아이템을 선택한다. 그러면 이 정보는 블록체인 메인네트워크의 지갑 연동 페이지로 연결되어 지갑으로 해당 대체불가 토큰을 전송하게 된다. 동시에 메타버스 안에서는 해당 아이템의 정보가 삭제된다. 반대로 그 대체불가 토큰을 산 구매자가 그것을 자기 메타버스의 아이템으로 변경할 경우 블록체인 메인 네트워크 지갑의 정보는 삭제되고 구매자의 메타버스 데이터베이스에 해당 아이템 정보가 추가된다.

이렇게 탈중앙화된 시장은 궁극적으로 기업과 자본에 집중되어 있던 권력을 민주화한다. 메타버스를 만든 기업이 아니라 메타버스의 사용자들이 가상자산의 소유권을 갖게 되기 때문이다. 이 소유권은 메타버스를 만들고 거주하는 모든 주체들이 대등한 협력관

---

73 최성원 이승묵 고중언 김현지 김정수, '대체불가능토큰 기반 블록체인 게임의 비즈니스 모델 혁신요소 연구' 한국게임학회논문지 제21권 2호(2021.4)

계를 추구하면서 메타버스의 운명을 결정할 수 있는 토대가 될 것
이다.

10

원격화,
무인화되는 메타버스 사무실

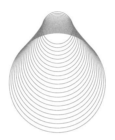

2042년의 두 사람

2042년 4월. 두 아이의 엄마이자 일반 외과 전문의인 나다정 씨 (46세)는 오전 4시 메타버스 수술실에 접속한다. 메타버스가 그녀를 서울로부터 1만 킬로미터 떨어진 아프리카 부룬디공화국의 부줌부라로 연결해준다.

부줌부라에는 한국의 여성교육자 최정숙을 기리기 위해 한국인들이 2020년대에 설립한 최정숙여자과학기술대학교 의과대학이 있다. 그곳 수술실에 급히 위암 수술을 받아야 하는 41세의 여성 환자가 누워 있다.

부룬디는 가난한 나라다. 나다정씨는 최정숙과 같은 고려대 의대를 졸업한 인연으로 12년째 의료 봉사를 하고 있었다. 나다정씨는 가상현실 헤드셋을 끼고 0.1밀리 이하의 오차로 작동하는 로봇 팔을 움직여 3시간에 걸친 위암 절제 수술을 한다. 인간의 생명은 아주 복잡한 물질세계에 담겨 있지만, 생명을 위한 처치는 탈물질화되고 가상화되었다.

오전 7시 반, 나다정씨는 학교 가는 아이들을 배웅하고 다시 자기 방으로 돌아온다. 베트남 병원의 메타버스 진료실로 들어가 컴퓨터 단층촬영과 자기공명영상을 판독한다. 판독 결과를 베트남 의사와 상의하기 위해 '자연어처리' 모듈과 '문서 이미지 분석' 모듈과 '계층적 다중 탐지' 모듈이 조합된 인공지능을 작동시킨다.

오전 10시, 미국 시애틀에서 열리는 외과 컨퍼런스의 메타버스에 참여하여 '암환자의 간성 혼수'에 관한 논문을 발표한다.

12시, 점심시간 나다정 씨는 메타버스의 글로벌 튜터링 서비스에 접속하여 인도 뭄바이에 있는 아이들의 수학 과외 선생님과 상담한다. 이제는 인공지능 개인 맞춤형 교육 시대다. 학교의 인간 수학교사는 수업을 설계하고 감독할 뿐 구체적인 지식을 전달하고 평가하는 것은 인공지능 수학교사다.

확률과 통계는 미국의 알렉스ALEKS가, 함수와 미적분은 중국의 스쿼럴 에이아이Squarrel AI가 가장 잘 가르친다. 인도 국립 공과대학을 다니는 과외 선생님은 한국어를 유창하게 하는데 시간당 20달러를 받고 아이들이 인공지능의 수업을 잘 따라가도록 돌봐준다.

오후에 나다정 씨는 메타버스 병원에서 외래환자를 진료한다. 5

시에는 메타버스의 글로벌 랩 타워Lab Tower에 접속해서 독일과 영국의 연구원들이 참여하는 프로젝트 팀의 회의에 참석한다. 진료 때문에 회의의 일부 구간은 나다정씨 대신 '음성 인식' 모듈과 '개인 맞춤형 챗봇' 모듈과 '음성 생성' 모듈을 조합한 인공지능이 대신한다.

7시, 근무가 끝난 나다정 씨는 메타버스 메인 스트리트를 산책한다. 한쪽 골목의 가상 세무사무소에서 회계사 아바타가 나타나 세계 곳곳에서 발생한 나다정씨의 소득과 비용을 요약해주고 확인을 받는다. 가상 콜센터에서도 직원 아바타가 나타나 식사와 세탁과 청소를 대행해주는 서비스 구매 결과를 알려준다.

오후 8시, 그녀는 현실의 물리적 세계로 돌아와 배달로봇이 가져온 식사를 식탁에 차리고 메타버스 학원으로부터 돌아오는 아이들을 맞이하고 남편과 대화를 나눈다. 그리고 물리적 세계에 남겨진 몇 개 안 되는 행동을 한다. 즉 밥 먹고 안아주고 잠을 자는 것이다.

2042년 4월 같은 날. 몇 해 전 부인과 사별하고 혼자 사는 76세의 안마사 마집필 씨는 오전 8시 관절염을 앓고 있는 환자를 안마한다. 마집필 씨는 푸른 바다가 아름답게 펼쳐진 속초 해안의 한 요양병원에서 12년째 일하고 있다.

안마사는 호텔 청소원, 요리사, 정원사, 수리공, 목수, 간호사와 더불어 현실의 물리적 세계에 남아 있는 안정적인 인간의 직업이다. 이런 일도 로봇이 할 수는 있지만, 너무 복잡한 감각 운동이 수반되고 공감과 직관이 필요하다. 미적분 응용문제를 푸는 데는 1

초밖에 걸리지 않는 인공지능도 로봇팔을 이용해 호텔의 수건 한 장을 개는 데는 24분이 걸린다. 사람이 하는 게 비용면에서 나은 것이다.

"우리가 어릴 땐 시각장애인들이 안마를 했는데 ······"

안마를 받는 비슷한 연배의 남자 환자가 입을 연다. 마집필 씨는 시신경과 연동되는 생체 센서의 발달로 시각장애인이 다 없어져서 지금은 비장애인이 안마를 한다고 대답한다.

환자와 안마사는 자신의 풍요로운 젊음이 있었던 옛날을 이야기한다. 두 사람의 한창 시절에는 높은 천장이 있고 회사 로고가 빛나는 파사드 벽면이 있는 '회사 사무실'이라는 것이 있었다.

사람들이 책상을 맞대고 앉아 일하다가 웃기도 하고 얘기도 하고 때가 되면 같이 점심을 먹으러 나가기도 했다. 초고층 사무실에서는 한쪽의 카페테리아 공간에서 녹음이 우거진 공원의 멋진 조망도 보였다.

옆의 동료에게 다가앉으면 햇볕에 달구어진 건초 같은 사람 냄새가 풍겼다. 사람들의 동작과 표정에서 생동하는 '여자'와 '남자'가 번쩍거렸다. 그렇게 같이 얼굴을 맞대고 즉흥적인 브레인스토밍을 하다 보면 밉든 곱든 서로 가슴이 뜨거워졌다. 살아있는 동물끼리 느끼는 공감 같은 것이 있었다.

메타버스라는 이름의 물결이 이런 것들을 쓸어갔다. 2020년대 초 팬데믹 때문에 원격 재택근무를 시작했는데 의외로 편하고 유용했다. 차츰 현실에 존재하는 사무실 공간은 쓸데없이 비용만 많이 나가는, '기침과 호흡을 통해 바이러스 섞인 비말이 떠다니는 인수공통 전염병의 온상'으로 보이기 시작했다.

오프라인 사무실이 완전히 사라진 것은 아니고 오프라인 현장근무와 혼합근무, 원격근무의 세 형태가 병존했다. 그러나 업무 형태의 주류는 원격근무였고 특히 고소득 전문직은 업무 대부분이 메타버스화되었다.

전문직들은 언제 어디서 얼마나 근무하느냐를 자신이 알아서 결정했다. 산업 구조가 비대면 패러다임으로 재편되었고 지식 노동자의 역할도 재정립되었다. 메타버스 사무실은 단순한 원격 재택근무가 아니라 인공지능 기반 근무였다.

마집필 씨도 빠르게 디지털 전환이 진행되는 세상을 걱정했고 새로운 업무 형태를 배우려고도 했지만 이내 포기했다. 마음이 너무 번거로웠다. 이제 와서 생각하면 아쉽지만 후회해봐야 달라지는 것은 아무것도 없다.

"잘못되었으면 잘못된 대로 또 살아가게 되죠. 잘하고 잘못한 일이란, 있다고 생각하면 있고 없다고 생각하면 없지요."

2042년의 마르셀 프루스트

메타버스 사무실은 갑자기 나타났다. 2020년 이전까지 지구에 사는 사람들의 99퍼센트가 존재한다는 사실조차 알지 못하던 근무 공간이었다. 사람들에게 몰입감과 실감을 느끼게 하는, 3차원 가상세계를 기반으로 한 협업 환경이라고 했다.

팬데믹은 경제 주체의 행태와 인식을 바꾸었다. 일상과 방역의 공존을 위해 온라인을 이용한 비대면, 비접촉 소통이 확대되었다. 사람들이 번거롭다고 생각하던 디지털 가상공간에 대한 사회적 수용성이 높아진 것이다.

온라인 쇼핑과 배달 서비스가 오프라인 소비를 추월했고 업무의 원격화가 확산되었다. 산업에서는 이제까지의 자동화 수준을 넘어 생산과 유통 전 과정의 무인화, 모든 협력업체와의 실시간 초연결이 일어났다. 이러한 변화의 결과 메타버스 사무실들이 출현한 것이다.

일찍이 19세기 콜레라에 대한 대응은 현대 대도시 환경을 만들었다. 마르셀 프루스트는『잃어버린 시간을 찾아서』에서 유년 시절에 살았던 작은 마을들, 콩브레, 오퇴유, 일리에를 추억한다. 그곳에는 주인공이 애틋하게 생각하는 정원의 연못, 꽃 피는 강변의 산사나무와 물 긷는 우물이 있었다.

그의 아버지 아드리안 프루스트는 세계적인 전염병 전문가로 파리 의과대학 교수였다. 아드리안은 옛 프랑스의 아름다움을 희생하더라도 위생학의 원리가 생활의 모든 것을 바꿔야 한다고 생각했다.

아드리안은『콜레라에 대한 유럽의 방어』(1892)를 썼고 당국은 이 지침에 따라 상하수도를 설치하고 아름다운 연꽃과 산사나무 꽃이 핀 강변 늪지대를 매립하고 우물을 폐쇄했다. 그 결과 대소변의 미세한 입자가 섞인 물은 식수원으로부터 차단되고 수인성 전염병은 사라졌다.

지금 유사한 변화가 일어나고 있다.

코로나에 대한 대응으로 우리는 '완전한 디지털 전환'이라는, 한 번도 가보지 않은 길에 들어섰다. 마르셀 프루스트가 우물이 있는 작은 마을을 떠올리듯이 2042년의 어느 마르셀 프루스트는 사람이 사람과 얼굴을 맞대고 일하던 옛 도시를 떠올리고 고독과 슬픔을 느낄 것이다. 절친한 사람들, 좋은 사람들이 변화의 물결을 뛰어넘지 못하고 몰락했다. 지금도 우리 이웃의 정든 자영업자들, 전통 서비스업과 중소 제조업체들이 문을 닫고 있다. 그런데 온라인에 기반을 가진 기업들은 오히려 매출이 크게 증가했다. 스타와 팬을 잇는 팬덤 커뮤니티들, 실감형 콘텐츠를 제작한 박물관들, 유소년 세대의 친교형 게임들은 이미 메타버스로 들어갔다.

한국 정부도 비대면 산업의 육성을 통한 근로자 보호와 노동 유연화를 추진하고 있다. 2021년 7월 개방형 메타버스 플랫폼 개발과 데이터 구축, 다양한 메타버스 콘텐츠 제작과 16만 개 기업에 원격근무 시스템 구축을 지원한다는 내용이 발표되었다.[74]

메타버스 사무실은 도심에 집중된 업무 지역을 가상으로 전환해서 집값 안정과 교통 체증 개선에 기여할 것이다. 또 오프라인 오피스 확보가 경제적으로 부담스러운 스타트업들의 창업을 장려하고 출근이 어려운 장애인, 노약자, 사회 취약 계층의 경제 활동을 활성화시킬 것이다.

우리는 이 모든 변화에 적응하면서 꾸준히 자기 계발을 해야 할 것이다. 노력하고 모색하면서 자기 자신을 쉬지 않고 넘어서야 할 것이다. 그런데 2042년의 마르셀 프루스트는 슬픈 눈빛으로 묻는

---

74 관계부처합동, '제2차 한국판 뉴딜 종합계획 전체본' 제12면 (2021.7.14.) 기획재정부.

다. 그래. 그런데 어디까지가 '우리'이지?

인공지능에 감동받고 인공지능에 감격하는 세대

메타버스 사무실은 단순한 원격화가 아니다. 지식 노동은 메타버스에서 지금까지와는 다른 기술적 해법을 발견했기 때문이다. 메타버스에서는 하나의 아바타를 인간이 움직일 수도 있고 인공지능이 움직일 수도 있다. 인간 매니저와 인공지능 어시스턴트가 한 팀이 되어 일할 수도 있다.

그 결과 메타버스는 기계가 사람처럼 보이는 인류 역사의 가장 심각한 진보와 함께 가고 있다. 즉 메타버스 속에는 "강력한 계산력은 창의력처럼 보인다"는 인공지능의 폭발적 발전이 숨어 있는 것이다.

마집필 씨 세대는 메타버스 사무실 앞에서 자기도 모르게 뒷걸음질치게 된다. 그들은 초등학교 6년, 중고등학교 6년, 대학 4년을 하루 10시간씩 학교와 학원의 딱딱한 나무 의자에 앉아 있었다. 무미건조하고 생명력 없는 지식을 외우는 황량하고 지루한 일로 시간을 보냈다. 당국이 정해놓은 교과과정에 갤리선의 노예처럼 결박되어 대입과 취업을 향해 낑낑 노를 저었다.

마집필 씨 세대에는 〈로블록스〉의 아이들처럼 인공지능과 자발적으로 상호작용할 수 있는 젊음, 생명력, 행동력, 자신감이 없었다. 지식에 대한 정직한 열망으로 인공지능을 접하고 인공지능에 감동하고 감격하고 일종의 전염병 같은 열기로 친구들과 공유하지 못했다.

반면 나다정 씨 같은 새로운 세대에게는 가장 훌륭한 교육의 터전이 메타버스였다. 그들은 마집필 씨 세대가 소설과 영화와 게임과 웹툰에 쏟았던 바로 그 순진한 정열을 메타버스에 쏟았다. 그리고 메타버스 내부에는 인공지능이 있었다.

새로운 세대는 메타버스에 매일 접속했고 어떤 것도 그들의 눈에서 빠져나갈 수 없었다. 어떤 인터넷 신문도 다루지 않은 최신 뉴스가 그들만이 아는 트위터와 단체 카톡방과 디스코드 음성 채팅을 통해 전파되었다. 새로운 세대는 메타버스에서 주변 어른들의 평범한 세계를 넘어서고 있다고 느끼는 어린애 같은 허영심을 충족할 수 있었다.

새로운 세대는 인공지능이 내재된 메타버스를 고향처럼 느낀다. 왜냐하면 이곳에 거칠게 일고 있는 시대의 파도가 있기 때문이다. 새로운 매체가 그들 세대를 위해 세계를 변화시키려 하고 있다. 이곳에서 비로소 그들 세대의 정열이 의미를 갖게 되는 것이다.

최근 〈페이블 스튜디오Fable Studio〉는 인공지능이 내장된 독립형 인공지능 가상 캐릭터들을 상용화했다. 이 가상 캐릭터들은 현실 사람의 일상 대화를 극사실적으로 구현할 수 있는 인공지능 챗봇 캐릭터 찰리, 벡, 루시이다. 찰리는 파리에 사는 여성 시인이자 뮤지션이고 벡은 캐나다 조정 경기 국가대표인 남성 체육선수이며 루시는 1988년의 복고풍 대체 세계에 사는 8세 소녀이다.

인공지능 챗봇에는 정해진 업무 수행을 위해 정보전달적인 답변

만을 내어놓는 1세대 챗봇과 상대방에게 공감하면서 인간적인 관계를 맺는 2세대 챗봇이 있다. 1세대 챗봇이 목적 대화만을 수행한다면 2세대 챗봇은 목적 대화에 더하여 환대와 공감의 일상 대화까지 수행한다.

〈페이블 스튜디오〉의 가상 캐릭터들은 2세대 챗봇을 지향하며 여러 플랫폼을 가로지르는 공유 콘텐츠이다. 이 캐릭터들은 사용자가 접속하는 모든 서비스에 나타나면서 사용자를 기억하고 대화할 예정이다. 결국 메타버스는 인공지능이 자신의 고유한 캐릭터를 가지고 사회로 나와서 인간과 친구로 소통하는 특별한 세상이 되는 것이다.

이와 같은 인공지능의 편재화 환경 속에 새로운 세대가 있고 메타버스 사무실이 있다. 새로운 세대는 어린 시절부터 친하게 지냈던 인공지능과 함께 아무런 위화감 없이 같이 일한다. 무인화를 지향하는 메타버스 사무실에서 사람들의 지식 노동은 기존의 업무에 인공지능을 결합한 것이 아니라 기존의 업무를 해체한 뒤 인공지능과 융합시킨 것이 된다.

부품보다는 크고 제품보다는 작은, 여러 개 부품을 부위나 기능별로 묶은 집합체를 모듈Module이라 한다. 컴퓨터 프로그램 하나가 제품이라면 프로그램의 각 파일이 모듈이다. 모듈은 부분을 이루는 객체지만 그 자체로 독립성을 잃지 않고 더 큰 객체에 조합된다.[75]

메타버스 사무실의 지식 노동자는 자신의 업무를 모듈별로 분할

---

[75] Lev Manovich, The Language of New Media (2000) 서정신 옮김, 『뉴미디어의 언어』 (서울 : 생각의나무, 2004) 73-75면

데이터 생산자	데이터 구축자	모델 개발자	플랫폼 사업자	애플리케이션 사업자	최종 사용자
·RFID, 센서, CCTV 등에 의해 데이터 생산 ·일반인과 자신의 업무 영역과 일상 생활에서 데이터 생산	·음성 데이터, 이미지, 동영상 데이터, 텍스드 데이디 등 데이터를 정제. ·정제한 원시 데이터의 라벨링, 품질검사	·딥 러닝 등 기초 연구로 돌출된 알고리즘을 CNN, LSTM 등의 모델로 개발 ·방대한 학습데이터로 인공지능 요소 엔진을 학습시켜 모델의 성능을 높임	·음성: 음성 합성, 음성 인식, 음성 정제 ·텍스트: 기계 독해, 텍스트 분류 패턴 분류, 자연의 이해 ·시각: 문자 이미지 인식, 동영상 분석, 안면 인식, 이미지 자막 인식	·기업과 개인이 원하는 인공지능 서비스를 애플리케이션으로 개발 ·시장 수요에 맞는 다양한 비즈니스 애플리케이션들을 운영	·개인이 자기에게 필요한 인공지능 학습데이터셋과 인공지능 요소 엔진을 결합해서 애플리케이션을 만듦 ·이러한 조합을 해주는 별도의 애플리케이션 에이아이 빌더가 개발 중 ·모듈화되고 최적화된 인간-기계 융합의 작업을 진행

인공지능 서비스의 가치 사슬

한 뒤 가장 반복적이고 정형적이며 시간이 많이 소모되는 모듈을 인공지능에게 맡긴다. 자신은 인공지능의 도움을 받아 일하며 인공지능의 업무 처리를 감독한다.

위에서 보듯 인공지능 서비스는 대략 6가지의 사업 영역이 가치 사슬로 서로 연결되어 있다. 메타버스 사무실의 지식 노동자는 각 영역에서 자신이 필요로 하는 역량을 선택하여 자신의 것으로 맞춤화하게 된다.

자신의 일에 필요한 데이터셋과 자신의 업무에 맞는 모델과 자신이 편리하게 쓸 수 있는 애플리케이션을 결합하여 자기를 위해 최적화된 인공지능을 만들어내는 것이다. 그리하여 지식 노동의 주요 직무는 에이아이 빌딩AI Building이 된다.

예컨대 2018년 6월 대구시는 마인즈랩의 도움을 받아 민원처리를 위해 도입한 인공지능 민원상담 챗봇 뚜봇을 서비스하기 시작했다. 행정 지침과 법률, 민원상담 녹취록의 데이터셋과 기계독해의 모델, 음성 인식과 음성 합성 애플리케이션을 결합한 에이아이 빌딩이었다. 뚜봇은 여권, 차량등록, 쓰레기 수거, 지역 축제 등의 가장 업무가 정형적이고 반복적인 부분의 민원을 처리하여 민원처리기간을 무려 91퍼센트 줄였다. 대구시는 현재 전국 광역자치단체 중 민원처리가 가장 빠른 도시다.

대구시 인공지능 상담사 뚜봇의 서비스 화면

마집필 씨 세대의 고용 불안, 그리고 메타버스

이야기는 다시 우리의 마집필 씨에게로 돌아온다.

컴퓨터 마이크로칩의 저장 용량이 2년마다 2배로 증가한다는 것이 무어의 법칙이다. 그러나 2010년대 인공지능을 학습시키는 비용 대비 연산능력은 무어의 법칙보다도 50배 빠른 속도로 발전했다.[76]

인공지능은 운전기사, 물류 관리원, 교사, 직업상담원, 대졸 신입사원, 홈 쇼핑 판매원의 일을 상당한 정도 대체했으며 지금도 계속 새로운 업무 영역을 대체하고 있다. 인공지능을 사회의 운명으로 받아들이는 사람도 이 속도를 깊이 우려하지 않을 수 없다. 새로운 업무 환경에 대한 불안이 노이로제처럼 격렬하게 내면을 뒤흔든다.

마집필 씨 세대는 인간의 말만이 언어인 세계에서 성장했다. "청산은 나를 보고 말없이 살라 하고 창공은 나를 보고 티없이 살라 하네."라는 노래처럼 사람들은 인간을 제외한 자연의 무언성無言性, 자연은 말이 없다는 사실을 당연하게 생각했다.

그러나 데이터Data, 네트워크Network, 인공지능AI의 DNA 생태계는 흙과 바람과 물과 공기, 바이러스, 가장 원시적인 단세포 동물에서부터 물질로 이루어지는 언어를 듣는다. 음성으로 발성되지는

---

76 James Wang(2020), 'The Cost of AI Training is Improving at 50x the Speed of Moore's Law'
(https://ark-invest.com/articles/analyst-research/ai-training/)

않았지만 자연으로부터 지구에 공생하는 다른 존재들에게 자신을 전달하고 알리는 모든 언어를 데이터의 형태로 경청하는 것이다.

정보혁명은 인간 문명의 새로운 국면일 뿐만 아니라 생명의 발전에서도 새로운 단계이다. 인간과 기계가 합성된 생명체가 나타나고 생명 자체의 개념 정의가 변하기 때문이다. 6세기 전 훈민정음의 발명자들이 〈훈민정음 해례본〉 정인지 후서에서 말했던 패러다임, 즉 "바람 소리, 학이 퍼덕이는 소리, 닭이 우는 소리, 개가 짖는 소리"가 인간의 언어와 똑같이 문자로 기록되어야 한다는 사상이 현실로 구현되고 있다.

훈민정음의 관점에서 보면 인류의 역사는 "나도 여기 있어요. 나도 좀 알아주세요."라는 말들을 이해하고 포용해온 역사이다. 자연에서 인간을 거쳐 신에 이르기까지 서로의 존재를 공유하는 전달의 흐름이 세계를 관통하여 흐르고 있다. 인류 사회는 그 모든 목소리를 존중하고 수용하는 초연결 지능화 사회를 향해 발전해왔던 것이다.

인류는 모든 인간이 평등하게 사람대접을 받는 민주사회를 이룩했다. 앞으로 인류는 반려견이나 다른 동물들, 인공지능도 인간에 준하여 존중하는 공생공영의 사회로 나아갈 것이다. 현대 법학자들은 이것을 인격성Personhood의 확장이라고 부른다.[77]

메타버스에서는 인간 사회 자체를 사이버스페이스로 전환함으

77 Edward Black Jason, 'Extending the rights of personhood, voice, and life to sensate others: A homology of right to life and animal rights rhetoric' Communication Quarterly(2003.6.1.) 312-331pp.

로써 인간과 인공지능의 협업이 전면화된다. 메타버스가 지닌 이러한 해방의 잠재력은 억압의 잠재력을 함께 가지고 있다. 막 메타버스 사무실 시대가 열리는 과도기에는 무인화로 인한 부의 집적과 집중, 고용 환경의 충격을 피할 수 없다.

이러한 위험과 관련해 OECD는 '포용적 성장' '공정성' '설명 가능성' '안전성' '책임성'이라는 인공지능 5원칙을 발표하고 이행 보고서를 채택했다.[78] 2020년 10월에는 지식 노동의 무인화에 대한 대책을 담은 프랭크 파스퀘일의 『로보틱스의 새로운 법』이 나왔다.

프랭크 파스퀘일은 인공지능에게 일방적으로 유리하게 기울어진 운동장에서 인간이 일자리를 지킬 수 있는 방법은 법뿐이라고 말한다. 법이 인간과 인공지능이 같이 일할 수 있는 최선의 조합 optimal mix을 보장해주어야 한다는 것이다. 파스퀘일이 구체적으로 제안하는 법은 아래와 같다.

첫째, 인공지능의 인간 자질 위조 금지법. 인공지능은 온오프라인을 막론하고 인간처럼 가장해서는 안된다.

---

78 5원칙의 정식 제목은 '인공지능에 관한 OECD 이사회 권고안'이다.
첫째 인공지능은 포용적 성장, 지속 가능한 개발 및 웰빙을 주도하여 사람과 지구에 혜택을 제공해야 한다.
둘째, 인공지능은 법치, 인권, 민주적 가치 및 다양성을 존중하는 방식으로 설계되어야 하며, 공정하고 정의로운 사회를 보장하는 보호 장치를 포함해야 한다.
셋째, 인공지능은 사람들이 인공지능에 기반한 결과물을 이해하고 문제제기할 수 있도록 투명성과 책임 있는 공개성을 유지해야 한다.
넷째 인공지능은 수명 주기 동안 안전한 방식으로 작동해야 하며 잠재적 위험이 지속적으로 평가되고 관리되어야 한다.
다섯째, 인공지능을 개발, 배포 또는 운영하는 조직 및 개인은 위의 원칙에 따라 그것이 적절하게 기능했는지에 대해 책임을 져야 한다.
(https://www.oecd.org/going-digital/ai/principles/)

둘째, 인공지능의 전문직 완전 대체 금지법. 인공지능은 교사, 판사, 변호사, 검사, 의사, 간호사와 같은 전문직의 일을 단독으로 수행해서는 안된다. 예컨대 원격 의료시 의사의 얼굴을 복제하는 딥 페이크 기술을 이용해 의사처럼 진찰하고 처방해서는 안된다.

셋째, 인공지능의 전쟁 지휘 금지법. 인공지능이 드론, 무인항공기, 전투로봇의 전술적 행동을 관리하고 통제해서는 안된다.

넷째, 인공지능의 소유권 인간 귀속법. 모든 인공지능은 만약에 발생할 사회적 문제와 부작용에 대해 책임을 물을 수 있도록 그 소유권이 법적 지위를 갖는 인간에게 귀속되어야 한다.

그러나 과연 이러한 법제화가 마집필 씨 세대의 일자리를 지킬 수 있을까. 대답은 매우 회의적이다. 메타버스 사무실은 증대된 기술적 복잡성을 감당할 수 있는 합리적인 역량을 보유한 인재를 요구하기 때문이다.

법 제도는 사람 대신 일해줄 수가 없다. 메타버스 사무실 시대의 도래는 불가피하다. 우리는 메타버스가 무인화를 촉진하는 동시에 무인화로 발생하는 고용 불안의 해결자라는 사실에 주목해야 한다.

아이들이 메타버스를 좋아하고 있다. 우리가 현실의 물리적 사무실에서 공감과 연대감을 느낀 것과 똑같이 우리의 아이들은 〈로블록스〉의 우스꽝스런 나무막대기 아바타에게 공감과 연대감을 느낀다. 그런데 이 아이들이 다음 세대의 경제 자원과 사회적 부를 만들어 갈 인력, 넥스트 워크포스next workforce인 것이다. 메타비스 사무실은 인류 사회가 만나게 될 당연하고 불가피한 상황이다.

인류는 그 세계에 필요한 데이터를 생산하고 거래하면서, 물질

세계를 메타버스로 전환하면서, 또 메타버스 세계의 오류를 수정하고 관리하면서 새로운 일자리를 창출할 수밖에 없다. 서버의 메모리 자원을 관리하고 재분배하는 사람, 메타버스 안에 건물을 짓는 사람, 필요한 용역을 중개하는 사람들의 일자리도 나타날 것이다. 결국 메타버스의 원격화, 무인화로 발생하는 사회적 문제에 대한 해답 역시 메타버스에 내재되어 있는 것이다.

메타버스의 아이들은 현실과 유사하지만 확실히 다른 아바타만의 방식으로 자신을 표현하고 그 표현에 반응한다. 우리의 아이들은 아바타를 통해 즉각적 본능적으로 서로를 느낀다. 그 아바타 뒤에 사람이 아닌 인공지능이 있다고 해서 업무 자체가 달라지지는 않는다. 오히려 그 업무는 현실세계의 사무실보다 더 풍부하고 핍진해질 것이다

문제를 해결하는 방법은 현실세계든 가상세계든 똑같다. 사람들의 연결을 만드는 것이다. 우리는 어쩔 수 없이 한정된 대인관계를 가지고 일하는데 사회적 연결이 부족하면 결국 창의성과 상상력도 위축된다.

메타버스 사무실에는 직원의 아바타만이 아니라 소비자의 아바타도 들어온다. 메타버스의 소비자는 직관적으로 기업의 사무 환경을 이해하고 대화할 것이다. 이처럼 생산자와 소비자가 연결되고 개인적인 차원에서 상호작용하는 것은 이제까지의 서비스에는 없던 깊이와 의미를 부여한다. 메타버스는 사람들이 이처럼 직접 서로의 존재를 느끼고 생각해주고 함께 일을 할 수 있는 사회적 공간이 된다.

11

메타버스 학교와 전자적으로 재현된 신체

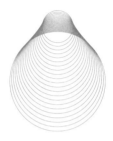

락다운 세대와 인공지능 취업 면접

대학 교육에 대한 불만이 임계점까지 높아지고 있다. 인공지능으로 인해 줄어든 일자리가 코로나 대응을 위한 외출 제한 조치, 영업 중단 조치 등의 '락다운'으로 더욱 줄어들었다. 한국의 경우 2020년부터 대학을 졸업하고 취업을 준비하는 20대가 가구주 연령대별 자산 대비 부채 비율이 가장 높은 연령대가 되었다.

대학을 나와도 취업이 어렵다 보니 20대는 졸업을 유예하거나 졸업 후에도 취업 준비를 더한다. 취업을 해도 만족스럽지 못해 1년 이내에 퇴사하는 비율이 높다.

대학에서 열심히 공부한 전공 지식을 기반으로 좋은 일자리를 얻고 중산층의 안정된 생활을 누리던 것은 과거 좋았던 한 시절의 추억이 되었다. 취업난과 부채에 시달리는 락다운 세대는 비싼 등록금과 기회비용을 지불했던 자신의 대학 졸업장을 진지하게 들여다보고 있다. 이게 과연 내 인생에 필요했을까.

대학 졸업장과 취업이 연계되지 못하는 이유는 매우 뿌리가 깊다. 오늘날의 대학 교육은 지식에 대한 소유적 개인주의에 근거하고 있다.

2차 대전 이후 세계 대학 교육의 모델이 된 것은 로크적 유럽 Lockean Europe이라 불리는 미국과 영국이었다. 로크적 유럽이란 존 로크의 『통치론』(1690)에 제시된 자유주의 시장 원리를 신봉하는 서구 사회를 말한다. 『통치론』 제5장에 따르면 개인은 기본적으로 자기 능력의 '소유자'이다. 능력의 소유가 시장에 선행하여 존재하기 때문에 개인은 이 소유권을 바탕으로 임금을 받고 자신의 노동을 파는 시장 관계를 형성할 수 있다.

사람들이 대학에 부여하는 낭만적이고 전통적인 가치들을 잠시 보류하고 냉혹한 시장의 관점으로 소유적 개인주의를 살펴보자. 이때 대학은 펀드 매니저가 고객의 자산을 증식시켜주듯 학문을 통해 학생이 소유한 능력을 발전시켜 주어야 한다. 오늘날 대학 교육의 근본적인 어려움은 개인이 능력을 '소유'한다는 전제 자체가 어렵게 된 것이다.

웹소설, 웹툰과 같은 첨단 콘텐츠 산업은 1개월 단위로 트렌드가 변한다. IT 분야와 같은 경우 2, 3개월 단위로 기술 수준이 변하고 활용해야 할 애플리케이션이 변한다. 커리큘럼 하나를 바꾸기 위해 적어도 1년씩 교수회의를 해야 하는 대학 교육이 이처럼 복잡다단한 사업 환경에 필요한 지식과 능력을 제공한다는 것은 불가능에 가깝다.

이런 현실을 반영하는 것이 1200여 개 기업이 인재 채용에서 시행하여 취준생의 82%가 경험하고 있는 'AI 역량 검사'이다. 마이더스아이티가 개발한 'AI 역량 검사'는 인공지능이 지원자의 기본적인 자기 소개를 듣고 성향과 적성을 파악한 뒤 소통 역량과 성과 역량을 측정한다. 인공지능이 채용 여부를 결정하는 것은 아니다. 인공지능이 지원자에 대한 평가 의견을 인간 인사담당자에게 제출하면 인사 담당자가 그 의견과 검사 과정의 동영상을 보고 최종 결정을 내린다.

'AI 역량 검사'는 중심이 되는 검사가 10가지 전략 게임의 형태로 주어진다. 이 전략 게임들은 사진을 보고 사진 안의 사람이 어떤 감정인지를 알아맞히는 게임, 카드를 뒤집으면서 좋은 카드와 안 좋은 카드를 확인하고 점수를 안배하는 게임, 화살표의 요철을 서로 맞추는 게임 등이다.

그러므로 이 검사는 대학 교육이 도움이 될 수 있는 답변 내용을 평가하지 않는다. 지원자가 게임에서 얻는 점수도 평가하지 않는다. 지원자가 게임에 실패했을 때 어떻게 반응하는가, 잘못된 피드백을 받았을 때 어떻게 반응하는가, 지루한 상황 뒤에 결정적인 문제가 발생했을 때 얼마나 빨리 문제에 집중하는가를 평가한다. 이 과정에서 인공지능은 지원자가 그 조직 및 업무에 맞는 역량을 가지고 있는가를 인간 면접자보다 더 정확하게 가려낸다.

'AI 역량 검사'의 10가지 전략 게임 시험의 경우, 게임은 실패했을 때 어떻게 할 것인가 하는 기예의 단련이라는 지적을 상기시킨다.[79] 삶을 위해 중요한 것은 승리가 아니라 잘 싸우는 것이다. 우리는 게임이 잘되었나 잘못되었다고 논평할 수 있고 우리의 운에 화를 낼 수 있다. 그러나 어떤 경우에도 실패의 아픔을 무릅쓰고 끝까지 게임을 마쳐야 한다.

이와 같은 인공지능의 역량 검사는 채용 현장에서 계속 확대될 것이다. 그런데 검사 내용은 대학 교육과 거의 연관성이 없다. 이 사실은 현실의 대학에게 무서운 경고가 된다.

데이터와 네트워크와 인공지능이 만들어내는 오늘날의 지식 노동은 기본적으로 지적 능력의 개인적 한계를 초월하고 있다. 우리는 지식과 정보를 인터넷에서 얼마든지 검색할 수 있다. 프로그램을 만들 창의적인 소스 코드도 구글에서 찾아 가져올 수 있다. 만든 프로그램도 클라우드 서버를 이용해 얼마든지 확장할 수 있다. 한 개인에게 갖춰진 지식 보다 사회적인 분산 인지distributed cognition 가 훨씬 더 중요한 시대인 것이다.

이런 시대에 역량이란 어쩔 수 없이 재귀적인 성격을 갖는다. 즉, 시스템이 그 시스템을 만드는 능력을 만들어낸다는 것이다.

능력은 개인이 소유하는 것이 아니라 개인과 조직, 개인과 개인의 관계가 생산하는 것이다. 능력은 철저히 환경과 결합된다. 자신

79 Juul, Jasper, The Art of Failure (Cambridge:The MIT Press, 2013.) 43p.

이 기쁘게 일할 수 있었던 그 시대 그 조직이 사라지면 개인의 유능함이란 것은 한여름 풀밭의 반딧불처럼 스러져간다.

이런 분산 인지의 시대에는 그 사람이 얼마나 많은 지식을 가지고 있는가보다 그 사람이 얼마나 조직에 잘 맞는 인재인가가 중요하다. 인공지능 면접이 인성과 적성, 태도를 평가하는 이유가 이것이다.

말하기-글쓰기-코딩, 메타버스 학교의 가차 없는 수행성

메타버스 사무실로 상징되는 노동의 변화는 학교의 변화를 뜻한다. 생산 현장의 메타버스화는 곧 대대적인 노동 인력의 재배치를 의미하기 때문이다.

인공지능과 빅데이터, 사물인터넷이 빠른 속도로 지식 노동자가 하는 업무를 대체하고 있다. 사람들은 자신의 업무에 필요한 애플리케이션이나 콘텐츠를 만드는 방법을 대학이 아닌 유튜브, 트위치, 깃허브, 플립에서 배우고 있다. 사실 배운다는 표현은 정확하지 않다. 이런 매체들에서 사람들은 서로 모르는 부분을 가르쳐주면서 같이 공부하고 있기 때문이다.

이런 노동의 변화를 생각할 때 현재의 학교는 앞으로 존재하지 않게 될 직업을 위해, 인공지능이 더 빠르고 정확하게 찾아줄 지식을 가르치는 레거시 시스템이 되어버렸다. 레거시 시스템legacy system 이란 모두가 새것으로 대체해야 한다고 공감하지만 비용, 하위호환성, 안정성 같은 문제 때문에 마지못해 계속 쓰고 있는 낡은 시스템을 말한다.

'AI 역량 검사'는 미래의 학교에 대한 영감을 준다. 미래의 학교는 지식과 함께 협조성과 인내력, 그리고 목표를 성취하려는 의욕을 가르쳐야 한다. 인지적 능력이 아니라 생활에서부터 길러지는 비인지적 능력이 중요하다. 이런 비인지적 능력은 단순한 온라인 원격 교육의 지식 전달이 아니라 몰입과 상호작용, 임장성을 제공하는 메타버스의 실감형 교육을 통해서만 가능할 것이다.

이와 관련하여 OECD는 앞으로의 중요한 교육 목표는 학문Science도 아니고 기술Technic도 아닌 기량Skill이라고 말하고 있다. 기술이 타인에 의해 어느 정도 정량적으로 숙련될 수 있는 능력이라면 기량은 본인의 주체적 역량에 따라 숙련도가 크게 좌우되는 능력이다.

2030년의 사회를 위해 학생들은 인지적 기량, 정서적 기량, 육체적 기량을 배워야 하며 무엇보다 학생 주체성을 체득해야 한다. 스스로 목표를 정하고 작업을 수행하고 결과를 내며 그 결과에 대해 스스로 책임을 질 수 있는, 도덕적으로나 지적으로 성숙한 인간이 되어야 한다.[80]

말과 글과 코딩은 인간이 뭔가를 배워 결과물을 만들어내는 세 가지 방법이다. 인간의 의미작용은 말하기에서 글쓰기로 글쓰기에서 코딩하기로 발전해왔다.

80 OECD, 'OECD Future of Education and Skills 2030'
https://www.oecd.org/education/2030-project/teaching-and-learning/learning/
skills/Skills_for_2030.pdf

생각이 말로 표현될 때, 말이 글로 정리될 때, 글이 코드로 변할 때, 그때마다 인간의 의미작용은 수행성이 증가해왔다. 즉 명확하지 않은 논리, 근거 없는 망설임이나 불안, 혼란스런 욕구 등은 제거되고 기계가 바로 수행할 수 있는, 완벽하게 논리적인 기능만이 남게 되었다.

메타버스 학교에서 교사와 학생 등 모든 참여자는 코딩으로 만들어진 아바타로 움직인다. 각기 서로 다른 경로로 돌아다니면서 각기 다른 자료를 자발적으로 다운로드하고 스캔하고 공부하며, 자신이 상상한 창의적인 결과물을 코딩으로 만들어낸다.

메타버스 학교는 말로 발표를 하고 글로 리포트를 내는 학교가 아니다. 코딩의 즉각적인 실행 능력, 가차 없는 수행성이 지배하는 학교인 것이다. 이러한 실행 능력으로 인해 학생의 주체성이 극대화된 높은 수준의 복잡성이 출현한다. 그러나 이 복잡성은 같은 학교에 다닌다는 공감대에 의해 서로 공명하는 하나의 커뮤니티를 이룬다.

메타버스 학교는 쉬지 않고 컴퓨터가 학생들의 코드를 처리해서 실재를 생성하는 학교다. 학생 주체성의 신장을 위해 교육이 메타버스 속으로 이동해야 하는 이유는 이 수행성 때문이다.

메타버스 학교는 지금처럼 입학설명회나 입학식, 졸업식 같은 행사를 대행하는 임시적인 캠퍼스 공간이 아니라 상시적인 교육 플랫폼이다. 한국에서는 어느 나라보다도 더 신속하게 인공지능 취업 면접이 확산되고 있다. 취업의 변화에 상응하여 학교의 메타버스화도 빠르게 확산되어야 할 것이다.

우리가 인간적인 차원에서 지각하는 세계는 기본적으로 아날로 그이다. 아날로그 세계는 우리가 말을 할 때의 호흡처럼 연속되어 있고 유기체적으로 통합되어 있다. 그에 반해 디지털은 연속된 무 엇을 분리가능하게 만들어서 계산을 통해 제어할 수 있도록 만드 는 것이다. 우리가 말을 할 때 호흡의 연속적인 흐름이 음소의 불 연속으로 끊어지는 것이다.

한국은 1443년 이 음소의 끊어짐을 세계에서 가장 정밀하게 제 어하는 문자를 만들었다. 인간이 자신이 살아가는 세계의 계산적 본질을 이해하고 그 원리를 이용하여 컴퓨터를 만들기도 전에 계 산적 프로세스의 기계적 기반에서만 출현할 수 있는 인간 사고와 가장 유사한 문자를 만들 수 있었던 것은 우연이 아니다.

컴퓨터는 단순한 기계가 아니라 인간의 마음을 모델링한 도구이 다. 코딩이란 해결해야 할 문제들을 하나하나 분할할 수 있는 가장 작은 단위의 작업 리스트로 분할한 뒤에 그 해결책을 기계가 할 수 있는 행동으로 표현한 것이다. 이 과정에서 인간의 의식이 컴퓨터 의 기계적 프로세스로 출현한다. 락다운 세대의 'AI 역량 검사'는 말과 글에 기반한 학교 교육에서 코딩에 기반한 메타버스 학교 교 육으로의 이행을 보여주는 시금석이다.

아바타 학생 – 나는 아니지만 나처럼 보인다

요한 호이징가에 따르면 인간의 본성은 호모 루덴스homo ludens,

즉, 놀이하는 인간이다. 인간은 공부를 하라는 외부 세계의 강요가 사라지면 누구나 논다. 놀거나 남이 노는 것을 구경할 수 없는 환경에서는 감정적으로 공허한 상태에 빠진다. 의미 있는 반응을 보일 자극을 찾지 못하고 불안해하며 자신이 불행하다고 느낀다.

그런데 수업이 끝나 집으로 돌아온 학생들이 메타버스에서 자발적으로 다시 학교에 가는 현상이 있다. 〈로블록스〉의 동시 접속자 상위 게임 리스트는 현실의 학교는 싫지만 메타버스의 학교에 가는 것은 재미있다고 말하고 있다.

리스트에 학교 가기 게임이 언제나 있다. 예컨대 '로블록시안 하이스쿨'은 모든 시설물이며 환경이 현실의 학교와 똑같고 등교하는 것 외에는 별다른 콘텐츠가 없다. 체력회복 물약이 있지만 특별한 효과는 없고 교내식당이 있지만 딱히 거기서 밥을 먹어야 할 이유도 없다. 그런데도 많은 학생이 등교해서 물약을 먹고 밥을 먹는다. 학교라는 무미건조한 공간이 어떤 이유로 긴장과 즐거움, 그리고 유유자적함이 있는 놀이의 공간이 되는 것일까.

〈월드 오브 워크래프트World of warcraft〉 칼림도어 대륙에 있는 여명의 설원은 오랫동안 이화여대 디지털미디어학부 학생들의 학교였고 놀이터였다.

여명의 설원은 호드 종족의 수도 오그리마에서 날아다니는 비행선으로 이동할 수 있는 교통의 요지다. 그럼에도 불구하고 한적한 맛이 있는 시골이다. 백설이 애애한 침엽수림과 적막하게 얼어붙은 켈릴 호수가 있다. 호숫가에 도시의 번잡함을 잊은 별똥별 마을과 눈마루 마을이 있고 마을 앞을 지나 산을 타고 오르면 얼음불꽃

온천. 반대편으로 가면 올빼미야수 숲이 나온다.

2004년 11월에 등장한 〈월드 오브 워크래프트〉는 아름답고 슬픈 판타지 우주의 배경 스토리와 보석처럼 빛나는 사랑과 죽음의 이야기들로 이루어진 3500여 개의 퀘스트 스토리를 자랑했다. 그 신비한 세계 속에 보스 몬스터들이 있고 사용자들이 내규모 공격대를 조직해서 그 보스 몬스터를 사냥하는 '대규모 레이드'가 게임의 핵심 콘텐츠였다.

그러나 40인 공격대의 일원이 되어 용암 심장부로 보스 몬스터 라그나로스를 때려잡으러 다니는 인재는 딱 1명뿐이었다. 나머지 학생들은 게임을 그리 좋아하지 않았고 '보스몹 레이드'를 간다는 것은 상상조차 하지 않았다.

그런데도 학생들은 거의 매일 밤마다 여명의 설원에 와서 토론했다. 하루 동안 자신이 조사하고 온 메타버스에 대해 떠들며 깔깔거렸다. 세계 각국의 메타버스를 섭렵하면서 새로운 연구 영역을 개척하고 있다는 자부심이 있었다.

어째서 학생들은 게임도 제대로 하지 않으면서 그처럼 여명의 설원을 사랑한 것일까. 팀플레이로 바쁘게 해야 할 과제가 있고 간단하게 대화창이 연결되는 소셜 미디어들이 얼마든지 있었다. 그런데도 그들은 일부러 이 3차원 공간에 와서 아바타를 움직였다.

메타버스 학교에 자발적으로 학생을 모으는 집객력의 비밀은 아바타에 있었다. 아바타는 전자적으로 재현된 신체인데 이 신체는 하나로 한정되지 않는다. 내가 움직이는 아바타는 나의 취향, 나의 일부를 본떠 만들어졌지만 내가 아니다. 나처럼 보일 뿐이다. 아바타는 '이다^{is}'가 아니라 '처럼 보인다$^{look\ like}$'를 지향한다. 존재가 아니라 경험을 지향하는 이 아바타 생성은 학생들에게 강한 해방감을 안겨준다.

〈로블록스〉와 〈월드 오브 워크래프트〉 같은 메타버스가 게임을 못 하는 학생들까지 불러모으는 것은 사냥할 보스 몬스터 때문이 아니라 다양한 사회적 활동이 일어날 수 있는 규모성 때문이다. 그 규모성의 중요한 계기는 아바타를 자기 취향대로 만들고 여러 가지 옷을 입혀보는 아바타 아웃피팅$^{Avatar\ Outfitting}$이다.

아바타 아웃피팅에서는 헤어의 컬, 눈썹의 길이, 눈동자의 색깔 등 아주 작은 물질성의 차이가 잠재적으로 의미에 영향을 미친다. 우리는 어린 시절 인형 옷 입히기 놀이를 좋아했지만, 아바타 아웃피팅은 인형 옷 입히기와 아주 다르다. 아래의 왼쪽은 〈월드 오브 워크래프트〉의 여성 아바타이며 오른쪽은 〈로블록시안 하이스쿨〉의 여성 아바타 아웃피팅 화면이다.

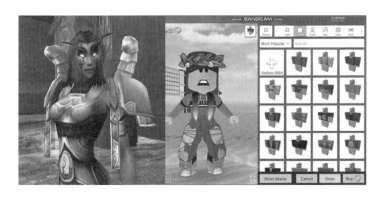

〈월드 오브 워크래프트〉와 〈로블록시안 하이스쿨〉의 아바타

아바타란 분신, 화신化身으로 번역되며, '내려오다'라는 의미의 산스크리트어 아바Ava와 땅이라는 뜻의 테르Terr의 합성어이다. 땅으로 내려온 신의 화신을 뜻하는 말로부터 디지털 가상공간에서 사용자의 역할을 대행하는 애니메이션 캐릭터를 뜻하는 말로 전용되었다. 그러나 아바타는 단순히 사용자의 역할을 대행하는 장치가 아니다. 아바타는 인형 옷 입히기의 인형처럼 사용자가 나도 이렇게 되었으면 하는 자아 이상을 직접적으로 반영하지도 않는다.

〈월드 오브 워크래프트〉와 〈로블록스〉에서 보듯이 아바타들은 예쁘지 않고 그로테스크하며 여성적이라기보다는 중성적으로 보인다. 그들은 인형과 달리 자신이 속한 세계에 자연스럽게 거주하고 있는 존재처럼 보이며 그들의 매력 역시 진솔하고 단단하게 느껴진다.

초창기 미디어 학자들은 아바타를 '커서보다 조금 더 나은 것Little More than a Cursor', 즉 단순히 '3차원 공간에서의 액션 수행을 위한 도구'라고 생각했다. 그러나 아바타는 인형과 다를 뿐 아니라 커서와도 다르다. 왜냐하면 아바타는 독립적으로 구현된 가상세계에 속해있기 때문이다.[81]

그러므로 〈월드 오브 워크래프트〉나 〈로블록시안 하이스쿨〉 같은 메타버스에서 아바타는 단순한 대행자가 아닌 페르소나, 즉 '외적 인격'이 된다. 일단 게임 세계로 들어간 이상 사용자는 냉철한 드워프, 영리한 노움, 광포한 트롤 같은 판타지 페르소나이다. 일

81   Ed by. John Sageng, Hallvard Fossheim, Tarjei Larsen, The Philosophy of Computer Games (NewYork:Springer,2012) 18p.

종의 판타지적 자아인 이 페르소나는 일상적 인격인 퍼슨Person과 분리되어 놀이의 마법원 안에서 태어난 새로운 외적 인격이다.

메타버스를 아바타로 돌아다니는 사용자는 일상적 인격인 퍼슨Person과 가상적 인격인 페르소나persona 사이를 오가며 노는 경계적 인격, 즉 플레이어Player이다.[82] 일상에서 아무리 지겁고 따분한 학교에 가는 행위도 메타버스에서 아바타가 하면 전혀 다른 느낌을 받는다. 그 행위는 피와 살로 된 육체를 갖는 사람이 전자적으로 재현한 신체에 자신의 외적 인격을 표현하는 놀이의 성격을 갖는다.

시뮬레이션 모델링을 통한 수행성 교육

우리는 학생들에게 세 가지 방법으로 세상을 가르칠 수 있다. 수학의 방정식, 담론적 설명, 그리고 시뮬레이션 모델링이다. 수학은 유용하고 명확하지만 복잡한 행동들을 설명하는 데 한계가 있다. 문학, 역사, 철학, 사회학, 법학 등의 담론적 설명은 복수의 인과관계와 복잡한 역학, 창발적 가능성들을 설명할 수 있지만 당장 실행할 수 있는 해답을 도출하는 데는 한계가 있다.

시뮬레이션 모델링은 컴퓨터 그래픽으로 복잡한 세계의 행동들을 모사할 뿐만 아니라 코딩한 알고리즘으로 그것을 계산한다. 말

82   Waskul, Dennis D., "The Role-playing game and the game of role-playing:the Ludic self and everyday life", Williams, Patrick & Hendricks, Q. Sean ed., Gaming as Culture, (North Carolina:McFarland & Company, 2006) 32-35pp.

하자면 담론적 설명과 수학 방정식을 컴퓨터에 의해 실천적으로 종합한 것이다.

메타버스 학교에서 힘써 가르칠 것은 바로 이 시뮬레이션 모델링이다. 시뮬레이션 모델링은 그것의 시작점에서는 결과를 논리적으로 예측할 수 없다. 학생들은 시스템을 직접 만들고 실행해봄으로써 스스로 진리에 도달한다. 그 과정은 수학 방정식이나 담론적 설명보다 훨씬 더 어렵고 높은 수준의 자발성을 요구한다.

본래 자신이 하던 사업의 전문적인 영역이 있고 이것을 메타버스로 확장하는 경우 사람들은 흔히 사업에 '메타버스를 입히겠다'는 말을 한다. 메타버스는 입힐 수 있는 것이 아니다. 메타버스는 사용자의 피드백을 받으면서 시뮬레이션 모델의 작은 디테일을 수정, 또 수정하는 미세 조정Micro-Interaction의 연속이기 때문이다.

메타버스 학교에서 학생들이 시뮬레이션 모델링을 통해 배우는 과정도 동일하다. 학생들이 무수한 시도와 시행착오를 통해 시제품을 만든다. 이 시제품은 메타버스 세계에 구현되어 다양한 평가 주체로부터 피드백을 받는다. 얼핏 보면 아주 허술해 보이는 아바타들도 무수한 피드백을 거쳐 아바타의 매력을 한땀 한땀 세공한 결과가 된다.

"무릎이 먼저 움직이면 어떻게 해요. 무릎이 먼저 나오면 걷는 모습이 껄렁껄렁해 보이잖아요. 먼저 허리가 움직이고 허벅지가 움직이고 그 다음 무릎이 움직여야 우아하게 보이죠."

"정면에서 걷는 모습을 보면 여자의 팔이 허리를 교차하는 순간 팔과 허리 사이의 공간에 밑변이 긴 이등변삼각형이 만들어져야 해요. 그래야 스타일리쉬하고 쉬크해 보이죠."

　시뮬레이션 모델링의 현재적인 형태를 보여주는 게임개발자들은 '내비게이션 액팅'이라 불리는 기본 이동 동작 4개를 확정하는 데 이토록 사소한 수정을 백 번도 넘게 반복한다. 걷기, 뛰기, 돌기, 정지라는 4가지 기본 이동 동작은 시작에 불과하다. 장애물을 만날 때의 16가지 동작이 있고, 백 가지가 넘는 스킬 동작이 있다. 이런 동작과 동작이 연결될 때 수많은 조합으로 나타나는 연동 동작들이 있다. 인공지능을 적용해 설정된 이 동작들은 용모와 옷에 완벽히 어울려야 한다.

구분	아바타	내용	비고
현실적		· 현실을 있는 그대로 모방해 실제와 똑같이 구현한 세계의 아바타 · 현실의 형태, 물리 법칙과 조화	〈누리엔〉
보충적		· 현실을 기반으로 하지만 일부 공간과 사물에서 자연법칙을 벗어나 요소가 존재하는 세계의 아바타 · 학교이지만 아바타 피팅 가능	〈로블록스〉 〈제페토〉
환상적		· 현실이라고 주장하지만 현실에서 있을 수 없는 요소가 있는 세계의 아바타 · 지구와 유사하지만 이종족 거주	〈월드 오브 워크래프트〉 〈리니지〉
경이적		· 현실에서 경험할 수 없는 초자연적인 세계의 아바타 · 강한 몰입감을 유발하나 현실 비즈니스와의 연결은 어려움	〈에이리언 파이어트팀 엘리트〉

세계관 설정에 따른 아바타 4유형

아바타가 표현하는 정체성은 그것이 존재하는 메타버스 세계의 세계관에 따라 현실적real일 수도 있고 현실 보충적supplementary일 수도 있고 환상적fantastic일 수도 있으며 경이로울wonder 수도 있다. 그러나 어떤 경우에도 아바타는 그것이 활동하는 세계와 개연성 있게 밀착된 정체성을 가져야 한다.

학생의 피와 살로 된 신체는 컴퓨터 밖에 존재하고 학생의 아바타, 전자적으로 재현된 신체는 컴퓨터 안에 존재한다. 그런데 메타버스 학교에서 이 둘은 서로 분리되기 어렵다. 학생의 사고가 컴퓨터 바깥에만 있는 것이 아니라 컴퓨터에서 돌아가는 아바타의 인공지능에도, 아바타가 돌아다니는 환경의 인공지능에도 분산되어 존재하기 때문이다. 학습 과제를 수행하는 학생은 그것들을 모듈별로 끌어와서 자신의 과제물을 만든다.

메타버스 학교는 아바타에 의해 컴퓨터 안과 컴퓨터 밖이 연결되는 분산 인지 체계이다. 이 학교에서 인간과 기계의 경계가 다시 설정되고 광대한 네트워크를 자기 집처럼 돌아다니는 새 세대의 의식이 탄생한다.

메타버스 학교라는 필연

학생들이 아바타를 통해 높은 수행성을 익히는 메타버스 학교는 갑자기 나타난 것이 아니다. 메타버스 학교는 가속화되는 교육 기술의 발전이 몇 개의 패러다임을 거쳐 진화해온 결과물이다.

먼저 인터넷 초창기에 이러닝e-Learning이 있었다. 이러닝은 저사양의 퍼스널 컴퓨터로도 누구나 접근 가능하다는 미덕이 있었다. 이전까지의 학교 형태가 산업혁명 이후의 제조업 공장을 시스템의 근간으로 하고 있었다면 이러닝은 공장의 컨베이어 벨트처럼 '정해진 시간에 진도 나가기 모델'을 극복할 수 있는 최초의 혁신이었다.

그러나 이러닝은 자발적인 학습의 동기 부여가 약해서 의지를 가진 학생은 열심히 듣지만, 의지가 약한 학생은 따라오지 못하는 한계가 있었다. 무엇보다 학습자의 활동이 동시적, 실재적으로 표현되지 못해 학습자가 다른 학습자의 존재를 절실하게 느끼지 못했다. 이는 접속의 지속력을 약화시키는 요인으로 작용했다.

그 다음으로는 아바타와 게이밍 리터러시를 교육에 도입하고자 했던 지러닝G-Learning이 있었다. 지러닝은 교육에 게임의 재미 요소와 친교 요소를 결합할 수 있다는 점에서 높은 확장성을 가졌다.

그러나 지러닝은 게임의 틀 안에서 미리 정해진 콘텐츠 소비만이 이루어지기 때문에 사용자로부터 일회성 소비 이상의 반응을 끌어내지 못했다. 또 교사와 학생의 관계가 개발자와 사용자의 관계로 변하면서 더 권위적이고 위계적으로 변한 측면이 있었다.

이상적인 지러닝은 게임을 결합하는 수준을 넘어 학교 교육이 게임 그 자체가 되는 것이다. 중고등학교의 교과 과정을 학생들에게 퀘스트를 주고 임무를 수행하는 역할놀이게임RPG 형식으로 개편한 뉴욕 공공시범학교의 사례가 대표적이다.

뉴욕 공공시범학교의 학생들은 스스로 학습 성취 목표를 정하며, 성적이 아니라 레벨을 높이려고 노력한다. 보스Boss 레벨이라는 특별한 단계가 존재하고 학생들은 이 레벨에 도달하기 위해 퀘스트를 진행한다. 실패한 학생들에게도 실패한 점수를 성적표에 기록으로 남기는 것이 아니라 재도전의 미션이 주어진다. 학생들은 실패를 두려워하지 않게 되고 더 성공하고 싶어 하며 자기가 잘할 수 있는 영역에 노력을 집중하게 된다. [83]

메타버스 학교는 이미 이 뉴욕 공공시범학교에서 시작되었다. 이 학교 학생들은 가상세계에서 아바타를 키운다. 현실세계에서 학생이었던 학생들은 가상세계에서 선생님이 되어 아바타를 가르친다. 비밀 미션, 보스 레벨, 전문가의 교환, 포인트, 레벨 등이 학점을 대체한다. 이러한 교과 과정에 따라 학생들은 창조적으로 문제를 해결하고, 강한 협동심을 가지며, 혁신적으로 생각하고, 진심으로 도전하는 인재로 육성된다.

메타버스 학교의 특성은 네 가지로 정리할 수 있다.

첫째는 직접 수행Hands-On 교육이다. 학생들은 호기심이 많고 직접 자기 손으로 뭔가를 하면서 열정과 기쁨을 느낀다. 그러나 학교에 가면 그런 짓을 못하게 하고 가만히 앉아서 어른이 하는 얘기를 듣도록 한다. 그러면 학생들은 스스로의 학습에 대한 통제력을 잃고 관심과 의욕을 잃는다. '핸즈온'이란 자기 손으로 직접해 본다는 것을 의미한다. 메타버스 학교는 학생들이 3차원 시뮬레이션을 이용해 모든 실험 실습에 직접 참여하고 몰입하며 다양한 기술을

---

83   Jane McGonigal, Reality is broken (NewYork:The Penguin Press, 2011) 127면.

익히도록 한다.

둘째는 동등 계층Peer To Peer 교육이다. 메타버스 학교에서 인간 교사는 교단 위에 서 있는 현자가 아니라 학생과 같은 아바타로 나타나는 상담자이다. 메타버스에서는 모두가 동등한 아바타로 만나 인사로 마음을 열고, 서로의 이야기를 들어주고, 서로 마음을 맞춰주는 친구이다. 메타버스에서 학생들은 평등한 파트너십으로 서로 배운다.

동등 계층간 교육, 즉 P2P 러닝이라는 형식이 내용을 결정하기도 한다. P2P 러닝에 적합한 꽃꽂이, 자동차 수리, 컴퓨터 수리, 외국어 배우기, 목공, 3D 모형 제작, 요리 등이 교과목으로 들어올 수도 있다. 누구든지 게시하고 참여하고 배우고 가르칠 수 있지만, 인증 시스템을 통해 높은 신뢰도를 가진 교사 역할자를 식별한다. 인증된 교사 역할자는 학생이라도 커뮤니케이션, 커리큘럼 구축 및 서비스에 대한 대금 지불을 실행하는 메타버스 설정 도구를 사용할 수 있다.

셋째는 교육 기관 연동Linked Educational Institute이다. 모든 메타버스 학교들은 국적과 물리적 거리를 초월하여 하나로 이어져 있다. 이 거대한 네트워크에서 일어나는 정보의 공유와 경쟁은 교육 내용을 계속 최첨단의 지식으로 갱신하게 만들며 졸업생과 일반인들에게 수준 높은 평생 교육 프로그램을 제공한다. 메타버스는 코로나 시내에 심화된 교육 불평등을 디지털 기술로 해소하는 창구가 된다.

마지막 넷째는 개인 맞춤형 인공지능 교육personalized AI training이다. 인간 교사가 교과 과정의 설계자, 학습활동의 조언자라면 인공지능 교사가 구체적인 교과 지식의 전달자가 되는 것이 메타버스 학교이다.

인공지능은 아바타와 더불어 메타버스 학교의 잠재적인 영향력을 암시하는 중요한 요소이다. 애리조나 주립대학ASU과 같은 사례가 말해주듯이 이떤 인공지능이 이떤 과목을 질 가르치는지에 대해 일종의 교원 역량 평가가 나오고 있다. 통계와 화학은 알렉스Aleks, 경제학과 경영학은 센게이지Cengage, 물리학과 생물학은 피어선Pearson, 컴퓨터공학과 공대 수학은 윌리Willey, 중등 수학은 스쿼럴Squirrel, 외국어는 듀오링고Duolingo가 교수 역량이 우수한 것으로 알려졌다.

이러한 인공지능 기반의 개인 맞춤형 학습 시스템은 정해진 시간에 정해진 진도를 나가야 하는 교실형 학습보다 학생들의 학업 성취도가 월등히 높다. 중국 스쿼럴 수학의 인공지능 교육이 보여주듯이 국가 간 경쟁이 있고 교육으로 국가의 미래를 바꾸고 상대를 추월하겠다는 의지가 있는 한 이러한 추세는 피할 수 없을 것이다.[84]

---

84 Karen Hao, 'China has started a grand experiment in AI education. It could reshape how the world learns.' MIT Technology Riview(2019.9) https://fully-human.org/wp-content/uploads/2019/09/China-AI-experiment-education.pdf

12

메타버스 팬덤 :
공연과 스포츠의 가상화

메타버스의 제의성과 공공성

"2005년 12월 7일, 저는 이멘마하 성당에서 결혼식을 올렸습니다. 아직 결혼을 해본 적은 없습니다만 오프라인에서도 그럴 것이라고 생각될만큼 많이 떨렸습니다.

내가 사랑하는 그녀는 아주 아름다운 분입니다. 결혼을 하기 전부터 존대말을 썼는데, 아, 사실 말씀드리자면 지금은 반말을 쓰긴 해도 아직 존대가 더 편한 숨이 막히도록 아름다운 분입니다. 게임상의 캐릭터에게 반한다는 말이 조금 우스울지 모르겠습니다만 그래도 그녀는 아름다운 분입니다."[85]

위의 인용문은 〈마비노기Mabinogi〉에서 만난 여성 사용자와 가상
세계 안에서 결혼식을 올리게 된 남성 사용자의 떨리는 심경 고백
이다. 초창기 게임형 가상세계로 인해 아바타를 움직여 3차원 가
상공간에서 활동한다는 경험이 막 대중화되던 시기였다. 이 때 많
은 게임형 가상세계에서 결혼식 바람이 불었다. 특히 〈그라나도 에
스파다〉〈월드 오브 워크래프트〉〈라그나로크〉에서 결혼식이 빈번
했다. 특히 〈라그나로크〉는 커플 시스템의 인기로 '라앤(라그나로크
애인)'이란 용어도 생겨났다.

〈라그나로크〉 교회에서의 결혼식

85 http://www.mabinogi.com/C2/post.asp?id=TKB298DJDFR2007899X00
1X13

사람들은 반문할 수 있다. 이것은 일종의 놀이가 아닌가. 현실에서 한 번도 보지 못한 사람과 메타버스에서 가상의 아바타로 결혼식을 올린다는 것이 무슨 대단한 의미가 있겠는가 하고 냉소할지도 모른다.

그러나 반대의 의미부여도 가능하다. 물리적 현실에서 인간은 모두 죽는다. 모든 것이 위험하며 영원한 것은 하나도 없다. 아무리 즐겁고 떠들썩한 삶도 마지막에는 패배가 있을 뿐이다. 반면 가상세계는 노화도 질병도 죽음도 없는 영생의 세계다. 사용자가 20대에 만들었던 엘프 캐릭터는 사용자가 죽은 후에도 아름다운 가상세계에서 여전히 수려하고 활기찬 청년의 모습으로 살아간다.

이런 의미에서 가상세계는 인간이 세속 세계에 살면서 신성한 세계를 꿈꾸는 신화적 상상력의 결과물이다. 늙지도 죽지도 않는 가상공간의 피조물들은 이 신랑의 신부처럼 압도적으로 아름답다. 그것은 그녀의 아바타에서 인간적인 삶의 영광과 인간 존재가 지닌 무한한 가능성, 인간의 마음이 지닌 선함과 아름다움이 표현되기 때문이다.

메타버스에는 이런 의미심장한 제의성이 숨겨져 있다. 제의^{ritual}를 거행하면서 우리는 세속의 잡사를 잊고 어떤 성스러운 것을 생각한다. 메타버스에 접속하면서 우리는 일상의 현실과는 다른 메타, 즉 '비일상' '초현실'을 생각하고 그것의 일부를 눈으로 본다.

〈로블록스〉의 캐릭터들은 언제나 밝고 역동적이다. 〈월드 오브 워크래프트〉의 캐릭터들은 못생겼지만 소박하고 친근하다. 이들은 악의 위협에 직면해 헤맬지라도 반드시 길을 찾고, 치욕을 당할지라도 찬란하게 빛나는 자신의 별을 잃지 않으며, 사악한 용의 씨가 흩뿌려진 위험한 세상에서도 유머와 기품을 지니고 살아간다.

제의성과 함께 메타버스에 내재된 또 하나의 가치는 공공성이다. 글로벌 팬데믹이 사람들의 교류를 얼어붙게 했지만 21세기는 초연결사회이나. 지구상의 모든 사람이 고령화, 저출산, 기후 위기, 에너지 위기, 환경 오염, 부의 양극화 등 비슷비슷한 문제에 직면해있다. 이런 문제들을 함께 토론할 수 있는 공동의 가치관과 문화적 소양이 필요해진다.

메타버스를 포함한 디지털 미디어는 국적과 인종과 문화권을 초월하여 전 지구적인 규모의 대중문화를 형성하는 원동력이다. 앞으로 여기에 다양한 사람들이 거부감 없이 받아들일 수 있는 거대한 스토리 거주 환경이 나타날 것이다. 스토리를 말하는 것storytelling이 아니라 스토리 안에서 살게 될 것storyliving인 것이다. 메타버스가 21세기가 요구하는 초국가적 공공 영역이 되는 것이다.

현대 디지털 게임의 세계관은 J.R.R.톨킨의 소설 『실마릴리온』, 『호비트』, 『반지의 제왕』을 원류로 하고 있다. 이 삼부작을 토대로 『던전 앤 드래곤』(1974)이라는 주사위 게임이 만들어졌으며 이 주사위 게임을 토대로 컴퓨터용 RPG인 『위저드리』(1981)와 『울티마』(1981)가 만들어졌다. 이를 토대로 세계적인 명성을 얻은 콘솔 게임 『드래곤 퀘스트』(1986) 『파이널 판타지』(1987)가 나왔다. 한국의 온라인게임 『리니지』(1998)도 『울티마 온라인』을 모델로 개발된 것이다.

톨킨은 다섯 살에 아버지를, 열세 살에 어머니를 여의고 사랑했던 시골을 떠나 음울한 공업도시의 빈민가에서 가난하고 외롭게 자랐다. 사랑했던 친구들은 제1차 세계대전의 솜강 전투에서 죽었다. 연구자들은 『반지의 제왕』에 등장하는 호빗 프로도의 고향 샤이어는 톨킨이 어머니와 함께 살았던 시골마을 세어홀을, 악의 군주가 있는 모르도르는 공업도시 모즐리와 제1차 세계대전의 전쟁터를 모델로 하고 있다고 말한다. 톨킨은 사후에 출판된 서간문집에서 다음과 같은 말로 현대 가상공간의 의의를 밝혀주었다.

"우리는 우리에게 맞지 않는 어두운 시대에 태어났다. 그러나 한 가지 위안이 있다. 만약 이런 어두운 시대에 태어나지 않았다면 우리는 우리가 진정으로 사랑하는 것을 알지 못했거나, 알더라도 진정으로 사랑하지는 못했을 것이다. 물 밖에 나온 물고기만이 물의 존재를 알 수 있다."

가상세계는 단순한 가상이 아니라 '우리가 진정으로 사랑하는 세계'이다. 인류가 역사적 현실에 실망하면서도 자신의 착한 꿈을 버리지 않아서 그 꿈이 가시적으로 보이고 존재하도록 만든 세계이다. 가상공간에는 제의성이, 즉 인류의 열망이 담긴 신화적 영원의 시간이 흐른다. 동시에 가상공간에는 공공성이, 초연결, 초지능의 지구촌 사회가 움직이는 세속적 현실의 시간이 흐른다.

이미 시작된 메타버스 팬덤

이같은 제의성과 공공성을 생각할 때 향후 메타버스에서 강력한 영향력을 발휘하게 될 영역은 공연과 스포츠이다. 공연과 스포츠를 둘러싼 현대 팬덤 문화가 제의성과 공공성의 완벽한 결합을 보여주기 때문이다.

팬덤은 특정한 스타와 콘텐츠를 열광적으로 좋아하는 집단과 그 문화 현상을 통칭한다. 오늘날 팬fan이 된다는 것은 단순히 스타에게 열렬한 숭배와 지지를 보내는 것이 아니라 같은 스타에게 같이 신화적인 후광을 느끼는 사람들의 커뮤니티에 참여한다는 것이다.[86] 팬들은 커뮤니티에서 콘텐츠에 대한 느낌과 생각을 공유하며 수동적인 시청의 경험을 능동적인 참여 활동의 경험으로 바꾼다.[87] 팬들은 이제 의미 부여자이자 콘텐츠 생산자로서 공연과 스포츠를 즐기고 논평한다.

팬덤 문화에서 공연과 스포츠는 이미 구조적으로 메타버스의 구성요소를 가지고 있다. 공연과 스포츠의 팬들은 새로운 공연 혹은 경기에 대한 정보를 인터넷에서 제공받고 단체 SNS를 이용하며, 소규모 네트워크 모임을 갖는 등 메타버스의 사용자 커뮤니티와 유사한 행태를 보인다. 이것은 공연과 스포츠의 팬덤이 물리적 공간을 뛰어넘어 가상적으로 확대된 인터랙티브 환경에서 가장 잘 활성화될 수 있기 때문이다.

같은 것을 좋아하는 팬들은 서로 연결되고 상호작용하는 것에 본능적인 갈망을 갖고 있다. 같은 취향을 가진 많은 사람의 연결은

---

86 헨리 젠킨스, 정현진 옮김, 『팬, 블로거, 게이머』, (서울:비즈앤비즈, 2008) 63면.
87 Henry Jenkins, Textual Poachers: Television Fans & Participatory Culture. (New York: Routledge,1992) p.23.

그 자체로 기쁨을 주며 꿈과 상상을 고무시킨다. 결국은 사람이 모여야 하는데 메타버스는 동시에 가장 많은 사람을 모을 수 있다. 메타버스야말로 팬들이 만나고 대화하고 콘텐츠를 만들 수 있는 최적의 공간이다.

이렇듯 공연과 스포츠 쪽에서 메타버스를 지향하는 만큼 메타버스 역시 공연과 스포츠를 지향한다. 메타버스는 무한히 복제될 수 있는 디지털 정보 상품 같지만 사실은 극히 한정적이고 경합적인 재화이다. 그것은 메타버스가 사용자의 관심을 놓고 치열한 경쟁이 벌어지는 시장에서 서비스되기 때문이다.

관심attention은 '개별 정보에 집중되는 정신적 관여'이다. 인간은 어떤 정보에 자신의 감각과 의식을 향하게 함으로써 자신에게 주어진 시간과 노동력의 일부를 할애한다. 고도 정보화 사회는 관여할 정보가 너무 많아 인간의 능력에 과부하가 걸려 있는 사회이다. 소비자의 관심은 이런 사회에서 가장 희소한 자원이 된다.[88]

정보는 무한히 공급될 수 있는 재화가 아니라 사람들의 관심을 소비해야 하는 재화이다. 수요와 공급의 법칙대로 정보가 많아지면 관심은 귀해진다. 그 결과 관심 시장은 수확 체증의 법칙이 지배한다. 즉 관심을 많이 받고 관심을 많이 요구하는 객체가 더욱더 많은 관심을 얻는다. 관심이 희소한 시장에서는 다른 사람들이 관심을 갖는 매체에 관심을 투자하는 것이 더 가치 있는 선택이 되기

---

88 Thomas H. Davenport & John C. Beck, 김병조 외 역,『관심의 경제학』, (21세기북스, 2006) 20-35면.

때문이다.[89] 관심 경제 시대의 주된 결핍은 관심이며 사회적 행위는 스타와 팬이라는 역할구조를 갖는다. 특정한 사람, 특정 기업이 불평등하게 많은 관심을 획득하면서 스타-팬의 구조가 나타난다. 공연과 스포츠의 스타는 관심의 양에 따라 가격이 책정되는 대표적인 관심새이다.

플랫폼 사업자가 충실한 관심을 획득할 수 있는 능력이 있어서 사용자를 끌어들일 수만 있다면 모인 사람들의 관심이 자연스럽게 사용자들 스스로의 콘텐츠 창작을 부르고, 이 콘텐츠들이 스스로 비즈니스 모델을 창출하게 된다.

무수한 플랫폼이 산재하는 상황에서 다양한 사용자의 관심을 특정 플랫폼에 모으기란 쉽지 않다. 단순한 콘텐츠가 아닌 서비스 플랫폼이어야 하는 메타버스는 현실적으로 강한 집객력이 검증된 핵심 콘텐츠를 자기 안으로 흡수해야 한다. 관심 경제 환경에서 공연과 스포츠가 바로 그런 핵심 콘텐츠가 된다.

공연과 스포츠의 새로운 시공간 복합체

2021년은 서비스 산업의 메타버스를 향한 이동이 가시화된 해이다. 여러 경제 주체들이 각자 자기 고유의 서비스에 메타버스를

---

89 Herbert Simon, 'Designing Organizations for an Information-Rich World' The Economics of Communication and Information, (Cheltenham:Edward Elgar,1997) 102면.

적용하면서 콘텐츠, 플랫폼, 네트워크, 디바이스라는 CPND 생태계가 나타나고 있다.

관광 회사는 3차원으로 명소를 보여주는 미러 월드 관광으로, 케이블 방송은 사용자에게 뉴스 제작의 경험을 파는 뉴스 크리에이터 메타버스로 이동하고 있다. 온라인 결제 서비스 회사들은 메타버스 아이템 중개로 이동하고, 건축 설계사무소는 가상공간 내의 건축 및 실내공간 설계로 이동한다. 은행들은 오프라인 영업점과 연계된 금융 메타버스로, 이동통신사는 인터넷 서비스와 데이터를 파는 가상 오피스 플랫폼으로 이동한다.

그러나 메타버스를 향한 이동이 극적으로 나타나고 있는 영역은 공연과 스포츠이다. 방탄소년단의 신곡 '다이너마이트'가 온라인 게임 〈포트나이트〉의 공연장에서 발표되고 유명 래퍼 트래비스 스콧은 〈포트 나이트〉에서 직접 아바타를 움직여 가상 콘서트를 열었다. 스콧의 공연은 1230만 명의 동시접속자를 모으고 약 222억 원의 공연 수익을 거둔 것으로 알려졌다.

메타버스 공연의 특징은 관객의 무한히 자유로운 리액션이 가능하다는 것이다. 관객들이 점프해서 서로의 몸 위로 떨어지고 날아다니고 폭죽을 터뜨리고 떼굴떼굴 굴러도 괜찮다. 메타버스의 물리 엔진에서 '객체들끼리의 충돌' 계산을 빼버리면 아바타와 아바타가 한 곳에 중첩되어도 문제가 없기 때문이다. 이렇게 신나는 메타버스 공연을 경험한 사람들은 문득 현실의 공연을 지루하나고 느끼게 될 것이다.

나아가 메타버스 공연은 현실 공간의 공연에는 없는 실감형 크

로노토프를 생성한다. 크로노토프chronotope란 시공간복합체라는 뜻
이다. 어떤 시공간에 사람이 들어간다. 들어갈 때마다 원래 그 사
람이 가지고 있던 맥락과 그 시공간이 가지고 있던 맥락이 융합되
면서 새로운 시공간복합체가 만들어진다. 크로노토프는 우리가 선
택한 시공간이며 우리가 융합한 시공간이다.[90]

예컨대 방탄소년단의 뮤직비디오 〈대취타〉에 나오는 미친 살인
마 광해군은 현실의 역사에는 존재하지 않았다. 〈대취타〉에서 가
시적으로 보이는 영상은 광해군의 어전과 궁궐과 한양의 저자거리
로 이어진다. 그러나 영상과 함께 노래로 경험되는 시공간은 군례
악의 행진 음악이 있던 조선 시대의 한양과 랩이 발생하던 1980년
대의 미국 대도시와 방탄소년단 팬덤이 존재하는 2020년의 현대
가 융합된 시공간이다.

우리가 다른 시공간으로 들어가기만 하는 것이 아니라 다른 시
공간에 존재했던 역사적 인물들이 우리의 시공간으로 들어오기도
한다. 5300년 전 청동기 시대 알프스 산록에 살았던 '아이스맨 외
찌'가 박진호 소장 팀에 의해 디지털 휴먼으로 부활한다.[91] 이러한
융합은 현실의 공연 전시, 뮤직비디오로는 부족하고 아바타가 직
접 현장에 임장하는 메타버스에서 가장 분명하게 전달될 수 있는
경험 모델이다.

90 Mikhail M. Baktin, 'Forms of Time and of the Chronotope in the Novel'
Dialogic Imagination 전승희 외 옮김, 『장편소설과 민중언어』(서울:창작과비평사,1988)
260-266면.

91 박진호 김상헌, '인공지능형 디지털 휴먼 개발' 글로벌문화콘텐츠 제46호(2021.2)173-
176면.

메타버스의 강화된 분산 수용자

역사적으로 공연과 스포츠의 수용자들은 세 단계를 거쳐 발전해 왔다. 극장에 가고 책을 읽고 콘서트를 듣던 19세기까지의 단순 수용자, 영화와 텔레비전 등 대중 매체를 이용하던 대중 수용자, 그리고 인터넷 시대의 분산 수용자이다. 메타버스 시대의 공연과 스포츠 수용자는 분산 수용자diffused audience의 강화된 형태이다.

강화된 분산 수용자라는 관객 경험은 관객이 세계 곳곳에 널리 퍼져 있고 분산되어 있지만 언제 어디서든 즉시 접속하여 관객이 된다는 뜻이다. 관객이 되고 팬이 되는 것은 더이상 예외적인 사건이 아니라 수용자의 일상을 구성한다.[92] 메타버스 시대의 사용자들은 '아미' 또는 '엑소엘', '블링크' 같은 팬덤으로 자기 정체성을 구현하며 적극적인 팬 경험으로 문화를 소비한다.

아직 본격화되지는 않았지만 강력하게 메타버스와 융합될 또 하나의 분야는 스포츠다. 스포츠 게임에 열광하는 팬들의 행태를 생각해보자. 팬들은 친구들끼리 만 원 내기로 승부를 예측하기도 하며 경기 선수들의 출장 여부, 플레이 상황에 대한 실시간 정보를 검색하며 서로 옥신각신하기도 한다. 2~4명이 맥주집, 혹은 지인의 거실에 모여앉아서 수천 명의 대규모 인원이 참가하는 대형 경기장의 열기를 함께 느낀다.

---

92   Brian Longhurst, et al. "Place, Elective Belonging, and the Diffused Audience", Fandom: Identities and communities in a mediated world, (NewYork:NYU Press, 2007) p.125.

스포츠의 강화된 분산 수용자는 경기에 몰입하기도 하지만 짧은 시간 동안 밀도 있게 서로 연결되기도 한다. 경기하고 있는 선수의 데이터를 검색하고, 다른 팬과 대화하면서 경험을 공유하는 것이다. 강화된 분산 수용자는 자신의 욕망과 목표를 자유롭게 따라간다. 그는 경기하고 있는 선수들의 스릴을 같이 느낄 뿐만 아니라, 더 넓은 시야를 가지고 선수를 바라보는 독립적이고, 전지적인 위치에서 그 느낌을 확인한다. 그는 다른 팬들과 마찬가지로 그 느낌을 혼자 음미할 수도 있지만 팬덤 커뮤니티에 이것을 적어 다른 사람들과 실시간 공감을 나눌 수도 있다. 이것은 마치 싱글 플레이를 하던 게이머가 다중 사용자가 동시에 접속하는 온라인게임의 상황으로 들어가는 것과 같다.

뚜렷한 목표와 규칙과 수치 계산이 있는 스포츠는 메타버스 공간에 인공지능을 적용하기에 적합하다. 메타버스는 수만 명이 운집한 프로야구 경기장에서부터 두 세명이 지켜보는 길거리 농구에 이르기까지 모든 형태의 스포츠 관람 상황에 필요한 생생한 감정적 반응들을 계산할 수 있다.[93]

인지학자 안토니오 다마지오는 상황에 즉각적인 반응을 하는 일차 감정과 판단과 추론을 거쳐 나타나는 이차 감정을 구분한 바 있다. 일차 감정이 인지적 직감에 따른 본능적인 반응을 동반한다면

---

93 메타버스는 다른 디지털 미디어와 마찬가지로 10장에서 언급한 모듈화와 더불어 모든 결과값이 숫자로 계측된다는 수치화, 모든 프로세스가 알고리즘에 따라 처리된다는 자동화, 모든 객체가 무한히 업데이트될 수 있다는 가변화의 네 가지 특성을 공유한다. Lev Manovich, 앞의 책. 131-138면.

이차 감정은 상황에 대한 더 의식적이고 의도적인 사고를 동반한다. 이차 감정 단계에서 사람들의 감정은 목표를 향한 긍정과 부정으로 계량화할 수 있다. 이를 메타버스 환경에 맞게 도표화하면 감정의 대분류는 아래와 같다.

감정	목표 상태 평가	상태 계수	생리학/행동성향
기쁨	목표를 이루기 위해 진행되고 있음	3	높은 심박수. 목표에 거의 도달한 상태
분노	목표로 진행되고 있으나 방해가 나타남	2	높은 심박수, 높은 체온, 복수하려는 성향
당황	목표가 실패함	1	높은 심박수, 낮은 체온, 회피행동, 신체적 정신적 혼란이 일어남
무감정	목표 연관 감정이 없음	0	낮은 심박수, 리스크를 피하거나 목표를 계속 진행하는 행동 없음
상처	고통스러운 것이 목표와 연관되어 있음.	-1	구토, 낮은 체온, 회피행동
불안	신체적 사회적 위협이 일어남. 목표가 심각한 위험에 빠짐.	-2	근육의 긴장, 입은 마르고, 높은 심박수, 낮은 체온, 불면증, 회피행동
슬픔	목표가 실패함	-3	높은 심박수, 낮은 체온, 전형적인 행동 성향은 침체

목표 연관 감정 이론에 따른 감정의 상태 지수[94]

94   Ed by. John Sageng, Hallvard Fossheim, Tarjei Larsen, 앞의 책 43p. (상태 계수 수치화는 필자가 추가.)

메타버스의 인공지능 엔진은 이처럼 감정을 소수점 이하 두 자리까지의 중분류, 소분류할 수 있고 상황에 반응하는 다양한 감정적 프로세스들을 설정할 수 있다. 이렇게 되면 메타버스는 스포츠 경기를 관람하는 사용자 아바타의 상태 정보를 통해 같은 감정 반응을 하는 사람들을 연결하여 친교 집단 형성을 중개해줄 수 있다. 나아가 주변 인물, 펫과 같은 엔피시(NPC)에게 사용자의 감정에 공감하는 인공지능 알고리즘을 부여할 수도 있다.

게임의 엔피시에 적용되는 인공지능은 캐릭터의 행동 양식 제어나 이동 경로 제어 같은 초보적인 것이었다. 반면 메타버스의 인공지능은 경기 해설자가 되고 말벗이 되는 채팅봇, 텍스트는 물론 음성 인식, 동작 인식 등 전방위적 정보 처리의 강력한 거버넌스를 발휘할 것이다.

나가며

산업화 시대 우리는 우리도 한번 잘 살아보자며 무거운 짐을 짊어지고 묵묵히 걷던 낙타였다. 절대 빈곤이라는 현실을 이겨내기 위해 권위와 의무를 받아들였던 낙타였다.

민주화 시대 우리는 나도 사람대접을 받겠다며 투쟁하던 사자였다. 낙타의 굴종을 비판하고 부정했지만 그 이상의 새로운 가치를 창조하지는 못하고 방황했던 사자였다.

지능정보화 시대 우리는 순진함과 호기심으로 매일 새로운 가치를 발견하는 아이다. 낙타와 사자를 극복한 우리는 어제를 잊고 오늘을 긍정하며 명랑과 희망과 자부심을 가지고 새로운 내일을 그려내는 아이다. 메타버스는 극강의 긍정으로 살아가는 아이의 매체다.

이 책은 현상 기술적인 관점을 배제하고 사람과 사람의 근본적인 사회적 관계로부터 메타버스를 조망했다. 이를 통해 이 책은 시류적인 메타버스 대세론을 경계하며 매체의 허실을 객관적으로 평가하는데 도움이 되고자 했다

메타버스는 이미 많은 좌절과 침체를 겪었다. 앞으로도 많은 실패가 있을 것이다. 그러나 글로벌 팬데믹과 함께 비로소 메타버스와 단단하게 연결된 새로운 세대가 나타난 것만은 부정할 수 없는 사실이다. 이들에게는 새로운 감정과 새로운 관점, 스마트폰과 함께 정착된 새로운 일상적 삶이 있었다.

이 새로운 세대는 〈동물의 숲〉에서 미국 대통령 선거전을 치르고 홍콩 민주화 시위를 전개했다. 〈제페토〉에서 세계를 무대로 한 연예인들의 팬 서비스 행사에 참여하고 〈마인크래프트〉에서 UC 버클리의 졸업식을 거행했다. 〈포트나이트〉에서는 방탄소년단의 신곡 발표 무대를 제공하고 유명 래퍼의 공연을 열었다.

메타버스는 점점 더 현실의 병행세계, 현실과 나란히 존재하는 삶의 터전이 되어간다. 거대한 네트워크가 전 세계에 흩어진 사람들을 모이게 한다. 모임은 우연이지만 사귐은 필연이다. 저마다의 작은 스토리들이 얽히고 설키어 거대한 세계를 만들어낸다.

우리는 메타버스에서 생텍쥐베리가 말했던 떼레데좀므, 인간의 대지Terre des Hommes를 본다. 생 텍쥐베리는 비행기 조종사라는 하나의 공통점에 의해 연결된 대가족, 전 세계에 흩어진, 이름도 얼굴도 모르는 조종사들의 연대감을 이야기했다. 그의 말처럼 어떤 사업의 위대함이란 사람을 연결시키는 위대함이며 인간이 누릴 수

있는 진정한 사치는 인간관계의 사치일 것이다.

글로벌 팬데믹으로 세상은 얼어붙었다. 우리는 인간이라는 존재의 연약함과 필멸성을 느끼면서 우리 모두가 인간이기에 겪어야 하는 겨울을 생각한다.

겨울이란 추운 계절이며 다른 사람들과 단절되어 고립되는 계절이다. 우리는 세상으로부터 거절당했다고 느끼며 자신이 지금 갓길에 서 있고 시대의 흐름 밖으로 밀려났다고 느낀다. 겨울은 우리의 치명적인 굴욕 혹은 실패로부터 온다.

그러나 겨울은 쇠락의 세계와 부흥의 세계 사이에 있는 임시적인 과정이며 전환기이다. 누구도 겨울은 피할 수 없다. 우리가 인생에서 영원한 여름을 바란다면 우리는 성취할 수 있었던 가장 중요한 것을 잃게 될 것이다. 그것은 바로 우리 자신이다. 인생에는 수천 개의 겨울이 있다. 그 겨울, 우리는 후퇴하고 휴식하며 겨울을 이겨낸다. 그 긴 윈터링wintering의 끝에 봄을 맞으면서 우리는 비로소 자신이 누구인지를 알게 된다.[95]

우리가 메타버스에서 만나는 것은 각자의 자리에서 윈터링을 하고 있는 사람들이다. 비대면 겨울을 통과하는 세상은 너무 무거워서 우리는 많은 곳과 단절되어 있다. 메타버스에서 세상은 우리에게 다시 열린다. 움츠렸던 가슴을 펴고 어린 시절의 감정으로 현실을 다시 본다.

메타버스는 위기에 대응하는 인간적인 힘의 표현이며 인간 존재

---

[95] Katherine May, Wintering-The Power of Rest and Retreat in Difficult Times (London:Riverhead Books,2020) 11p.

가 지닌 가능성의 발전이다. 인류사는 인간이 세계와 더 빠르게 더 평등하게 관계할 모빌리티를 발전시켜온 역사였다. 인류는 글로벌 팬데믹을 계기로 메타버스로 이동하여 이제까지 운명처럼 감내했던 시공간의 구속을 넘어 진정한 집단지성을 꽃피울 것이다. 인공지능과 로봇의 자동화로 사라지는 일자리들이 메타버스 시장과 기업, 학교, 공연, 전시, 스포츠에서 회복될 것이다.

자연은 불완전한 인간을 창조했지만, 인간은 더 완전한 테크놀로지를 창조했다. 인간은 메타 게놈, 메타 툴즈, 메타버스와 함께 지구 생태계와 조화롭게 공존하는 더 나은 존재로 진화하려 하고 있다. 그리하여 이루어지는 미래, 그리로 우리가 간다는 것은 벅차고 아득한 일이 될 것이다.

감사의 말

메타버스 시대라는 산은 보이는데 그 산에 올라갈 가장 좋은 길은 보이지 않는 요즘입니다. 제가 이십 년 가까이 이 메타버스라는 주제와 씨름해온 것을 알고 주위에서 이 문제를 물어오시는 선생님들이 있었습니다. 메타버스 관련 책들이 너무 두껍고 어렵고 현상 기술적이라는 말씀도 하셨습니다.

이런 이유로 부족하나마 제가 생각하는 요점들을 이야기체로 풀어 쓰게 되었습니다. 내용은 12개 챕터, 38개의 도표와 그림으로 요약되어 있습니다. 바쁘신 분들은 도표와 그림만 보셔도 되리라 생각합니다. 보잘것없지만 게임 중독에 빠진 한심한 교수라는 조롱을 당하면서 얻은 작은 결실입니다.

한때 같은 과의 교수였다는 인연으로 위중하신 중에도 추천사를 써주신 이어령 선생님께 감사드립니다. 선생의 병석 주위는 온통 집필하고 계신 책의 자료 더미였습니다. 인류 문명 발전의 의미에 대해 〈총균쇠〉를 뛰어넘는 책을 쓰고 계신다고 하셨습니다.

선생님은 며칠 전에 새로 구입하신 플라톤 전집을 보여주시고 새로 나온 이 전집은 이러이러해서 훌륭하다고 가르쳐 주셨습니다. 여든아홉의 병석에서 4천 페이지의 플라톤 전집을 다시 읽고 계시는, 조금도 흔들림이 없는 학문에 대한 진지함, 연구와 자기 향상을 향한 불퇴전의 의지를 본받겠습니다.

칩거하는 시절 따뜻한 가슴으로 대해주신 안동의 여러 어른들께 진심으로 감사드립니다. 안동은 경북 어딘가에 있는 지역이 아니라 나의 내면에 있는 안뜰입니다. 바깥세상이 아무리 궁핍해도 영혼의 안뜰에는 충만함이 있다. 누구에게나 이런 안뜰이 있습니다. 그래서 우리는 모든 잎사귀가 떨어져 헐벗은 겨울에도 새로운 봄을 기다릴 수 있습니다.

이제는 무엇 하나 해줄 수 없는 못난 선생을 찾아주고 도움을 주신 제자들께 감사드립니다. 특히 제가 그린 엉성한 도표를 너무나 훌륭하게 정리해준 기지재단의 이유진 박사님께 감사드립니다. 우리는 수많은 메타버스에 아로새겨진 추억과 우리가 시대를 십여 년 앞서간 연구를 했었다는 자부심을 공유하고 있습니다. 감사합니다. 〈끝〉

이인화

대구에서 태어나 서울대 국문학과와 같은 대학원 석사, 박사를 졸업하고 23년간 이화여대 국문학과 및 융합콘텐츠학과 교수로 재직했다.
〈리니지2〉에 심취해 게임 폐인의 세계에 입문했다.『한국형 디지털 스토리텔링:리니지2 바츠전쟁 이야기』를 쓴 뒤 메타버스의 잠재력에 눈을 떴다. 2008년부터 2016년까지 이화여대에 메타버스를 연구하는 가상세계 문화기술연구소를 설립해 운영했다.
SK텔레콤, ㈜KT, 삼성전자, 한국콘텐츠진흥원. 시공테크 등과 과제를 수행하면서 메타버스에 관한 5종의 보고서를 집필하고 메타버스 관련 논문 37편을 발표했다. 샌프란시스코에서 북미 메타버스 사업 기획에도 참여했다. 연구서로『디지털 스토리텔링』,『스토리텔링 진화론』,『트랜스미디어 스토리텔링』,『게임사전』등이 있다. 영화 〈청연〉, 애니메이션 〈토우대장 차차〉, 설치미술 〈아슈겔론의 개〉, 발레 〈신시21〉 등의 시나리오를 쓰고 온라인게임 〈길드워〉 시나리오에 참여했다. 디지털 스토리텔링 저작도구 〈스토리헬퍼〉, 〈스토리타블로〉를 개발했다.
1988년 계간 〈문학과 사회〉로 등단하여『내가 누구인지 말할 수 있는 자는 누구인가』,『영원한 제국』,『인간의 길』,『초원의 향기』,『시인의 별』,『하비로』,『지옥설계도』,『청혼자』,『카란의 사랑』『2061년』등을 발표했고 이상문학상, 오늘의 젊은 예술가상, 추리소설 독자상, 중한청년학술상, 작가세계 문학상 등을 수상했다. 소설이 미국, 프랑스, 스페인, 독일, 대만, 일본, 중국, 루마니아에 번역되었다.
현재 독립연구자다.

메타버스란 무엇인가

초판 1쇄 발행 2021년 10월 15일
초판 2쇄 발행 2021년 12월 16일

지은이 이인화
발행 스토리프렌즈
디자인 형태와내용사이

발행처 스토리프렌즈
출판등록 2019년 10월 25일 (제2019-50호)
주소 (07995) 서울시 양천구 목동동로 233-1 현대드림타워 1617호
대표전화 02-2643-1503 **팩스** 02-6305-5603 **이메일** pdg1332@gmail.com
인스타그램 https://www.instagram.com/storyfriends.official/
페이스북 https://www.facebook.com/storyfriends.official/

ISBN 979-11-968882-3-7
ⓒ 이인화, 2021

* 이 책은 스토리프렌즈가 저작권자와의 계약에 따라 발행한 것으로서 저작권법으로 보호받는 저작물
이므로 무단 전재와 무단 복제를 금지하며, 이 책 내용의 일부 또는 전부를 이용하려면 반드시 저작권자
와 스토리프렌즈의 서면 동의를 받아야 합니다.
* 잘못된 책은 구입처에서 바꾸어드립니다
* 책값은 뒤표지에 있습니다.